Geomagic Studio
逆向建模技术及应用

成思源　杨雪荣　主编

清华大学出版社

北京

内 容 简 介

  Geomagic Studio 具有强大的逆向建模功能,在我国已得到广泛的应用。该软件遵循点阶段—多边形阶段—曲面阶段的三阶段作业流程,可以轻易地从点云创建出完美的多边形模型和样条四边形网格,并可自动转换为 NURBS 曲面,建模效率高。其新增的曲线模块和参数化功能可以通过定义曲线、曲面特征类型来捕获物理原型的原始设计意图,并与正向软件结合进行参数化逆向建模与再设计。

  作者于 2010 年与清华大学出版社合作出版了国内第一本 Geomagic Studio 的操作教材,得到了较好的市场评价。近几年来随着逆向工程技术的发展,该软件的功能也发生了较大的变化。因此,本教材根据该软件的最新版本,详细介绍该软件的最新功能,体现逆向工程技术最新进展。教材提供了详细的功能介绍与操作视频,帮助读者快速掌握软件操作,达到学以致用的目的。

  本书突出介绍逆向工程应用型人才工程素质培养要求,系统性、实用性强,可作为 CAD 技术人员的自学教材、大专院校 CAD 专业课程教材以及 CAD 技术各级培训教材。同时,本书对相关领域的专业工程技术人员和研究人员也具有重要的参考价值。

图书在版编目(CIP)数据

Geomagic Studio 逆向建模技术及应用/成思源,杨雪荣主编.--北京:清华大学出版社,2016(2022.7重印)

  ISBN 978-7-302-44531-9

  Ⅰ.①G… Ⅱ.①成… ②杨… Ⅲ.①工业产品—造型设计—计算机辅助设计—应用软件 Ⅳ.①TB472-39

  中国版本图书馆 CIP 数据核字(2016)第 174456 号

责任编辑:赵 斌
封面设计:常雪影
责任校对:赵丽敏
责任印制:杨 艳

出版发行:清华大学出版社
    网 址:http://www.tup.com.cn,http://www.wqbook.com
    地 址:北京清华大学学研大厦 A 座   邮 编:100084
    社 总 机:010-83470000   邮 购:010-62786544
    投稿与读者服务:010-62776969,c-service@tup.tsinghua.edu.cn
    质量反馈:010-62772015,zhiliang@tup.tsinghua.edu.cn
印 装 者:北京嘉实印刷有限公司
经 销:全国新华书店
开 本:185mm×260mm 印 张:11.75   字 数:285 千字
    (附光盘 1 张)
版 次:2016 年 8 月第 1 版   印 次:2022 年 7 月第 9 次印刷
定 价:38.00 元

产品编号:067384-03

逆向工程技术目前已广泛应用于产品的复制、仿制、改进及创新设计,是消化吸收先进技术和缩短产品设计开发周期的重要支撑手段。现代逆向工程技术除广泛应用于汽车、摩托车、模具、机械、玩具、家电等传统领域之外,在多媒体、动画、医学、文物与艺术品的仿制和破损零件的修复等方面也体现出一定的应用价值。

Geomagic Studio 具有强大的逆向建模功能,在我国已得到广泛的应用。该软件遵循点阶段—多边形阶段—曲面阶段的三阶段作业流程,可以轻易地从点云创建出完美的多边形模型和样条四边形网格,并转换为 NURBS 曲面,建模效率非常高。同时还提供了多重 3D 输出格式,方便与多种实体造型软件接口交互。新增的曲线模块和参数化功能可以通过定义曲线、曲面特征类型来捕获物理原型的原始设计意图,并与正向软件结合进行参数化逆向建模与再设计,体现了逆向工程技术的发展趋势。作者于 2010 年出版了国内第一本全面介绍 Geomagic Studio 技术的实用性教材,此次根据软件的最新版本(2014 版)进行再版,也展示了近年来逆向工程技术的最新成果。

本书由 11 章构成:

第 1 章介绍逆向工程的概念及主要技术,阐述逆向建模技术的常用方法,并对 Geomagic Studio 建模思路进行了总结。

第 2 章对 Geomagic Studio 建模基本流程进行了总结,归纳了各阶段模块的主要功能,并介绍 Geomagic Studio 主要界面和基本操作,最后结合实例操作来演示基本操作步骤。

第 3 章对 Geomagic Studio 数据采集阶段的功能进行介绍,并结合关节臂扫描仪设备,讲解数据采集阶段的激光扫描采集和硬测特征数据采集功能,结合实例演示其操作步骤。

第 4 章首先概括了 Geomagic Studio 软件中点阶段处理的主要功能,并对该阶段的命令进行详细的说明。通过实例,介绍点阶段的数据编辑操作和点云数据注册对齐过程,对该阶段中的处理流程和技巧进行了演示。

第 5 章首先概括了 Geomagic Studio 软件中多边形阶段的主要功能,并对该阶段的命令进行详细的说明。通过实例,运用多边形阶段的技术命令完成多边形模型编辑处理,介绍相关操作技巧和经验,对该阶段中的处理流程进行了演示。

第 6 章对 Geomagic Studio 软件新增的特征模块主要功能进行了介绍,通过在活动的对象上定义一个实际或虚拟的结构体,作为分析、对齐、修建工具的参考,以及实现特征模型的参数化建模。通过实例对该阶段中的处理流程和技巧进行了演示。

第 7 章介绍 Geomagic Studio 软件中新增的曲线阶段处理功能,该阶段可通过多种方式在操作对象上提取特征曲线,并以设计意图为依据,通过重新拟合或草图编辑方式对曲线进行编辑和修改,并将处理后的曲线发送到正向设计软件中,进行后续的正向设计。

第8章介绍Geomagic Studio软件精确曲面阶段的处理技术,即该软件原来的形状阶段功能,通过轮廓线划分、构造曲面片及曲面片拟合等步骤实现曲面建模,对该阶段下的命令进行详细的说明。

第9章介绍Geomagic Studio软件参数曲面阶段的处理技术,即该软件原来Fashion阶段和参数化阶段处理技术,通过对对象上特征区域的定义和提取,生成具有参数化功能的NURBS曲面,并通过参数转换器,导入到正向软件进一步编辑形状阶段功能。在参数曲面阶段特别新增了对特征约束的定义及截面草图编辑功能,实现逆向工程技术与参数化建模更为有效的结合。

第10章介绍Geomagic Studio软件分析模块功能,即通过比较模型之间存在误差,对相关参数进行测量与偏差分析,以提高模型的精度,并为后期参数化建模提供参考依据。

第11章以三个典型扫描数据为例,通过综合应用Geomagic Studio各模块的数据处理及建模功能,使读者对软件的总体功能有更好的了解。

为方便读者学习,本书提供配套光盘,包括案例操作的数据文件和视频文件,以便读者通过实践快速掌握软件操作。

本书由成思源和杨雪荣编写。其中第1、2、6、7、9~11章由成思源编写,第3~5、8章由杨雪荣编写,全书由成思源统稿。本书还凝聚了广东工业大学先进设计技术重点实验室众多研究生的心血,他们在逆向工程技术的研究与应用方面做了卓有成效的工作。其中丛海宸、林泳涛、冯超超、胡召阔、徐永昌、李明宇、胡鹏等研究生参与了部分章节的编写、实验操作及文字整理工作。在此谨向他们表示衷心的感谢!

在实验室历届研究生的共同努力下,本实验室已相继编写出版了《Geomagic Studio逆向工程技术及应用》《Geomagic Qualify三维检测技术及应用》《Geomagic Design Direct逆向设计技术及应用》等系列教材,体现了本实验室在吸收应用逆向工程技术最新进展成果方面所做的努力。

本书的编写工作得到了广东省科技计划项目(2014A040401078)、《逆向工程技术》广东省精品资源共享课建设项目、《反求设计与快速制造》广东省研究生示范课程建设项目的资助,特此致谢!

在本书编写过程中,得到了3D Systems Corporation杰魔(上海)软件有限公司提供的支持,并参考了国内外相关的技术文献和技术经验,该公司网站为http://www.geomagic.com/zh/products/wrap/overview(在公司网站该软件已更名为Geomagic Wrap),在此一并致谢。

由于编者水平及经验有限,加之时间紧迫,书中难免存在不足之处。欢迎各位专家、同仁批评指正。编者衷心地希望通过同行间的交流促进逆向工程技术的进一步发展!

作者
2016年4月

目 录

CONTENTS

第1章

逆向建模技术及方法

1.1　逆向工程技术简介

逆向工程(reverse engineering,RE)也称反求工程或反向工程,是一种产品设计技术再现过程,即对目标产品进行逆向分析和研究,并得到该产品的制造流程、组织结构、功能特性及技术规格等设计要素,然后在理解其原始设计意图的基础上进行再设计,以制作出外形或功能相近,但又不完全一样的产品。

逆向工程的概念是相对于传统的产品设计流程,即所谓的正向工程(forward engineering,FE)而提出的。正向工程是指产品设计人员根据市场的需求,提前对产品的外部形状、功能特性和部分参数等进行规划,再利用三维 CAD 软件得到其三维数字化模型,然后对三维数字化模型进行 CAE 分析和快速成型以便于细节修改和功能完善,最后测试完成便进入批量生产制造。广义的逆向工程是指针对已有产品,消化吸收其内在的产品设计、制造和管理等各方面技术的一系列分析方法、手段和技术的综合,其研究对象主要是实物、影像和软件。狭义的逆向工程是指运用三维测量仪器对产品进行数据采集,将所采集的数据通过逆向建模技术重构出产品的三维几何形状,并在这基础上进行创新设计和生产加工。逆向工程与传统的正向工程不同之处在于二者的设计起点不同,设计要求和设计自由度也不相同。

逆向工程不同于仿制,不是简单地复制产品模型,而是作为一种先进的设计方法被引入到新产品的开发和设计流程中,在重构产品 CAD 模型的基础上对产品的设计原理进行研究分析,是一种产品再设计并超越现有产品的过程。

1.2　逆向建模的概念和常用方法

国内外目前有关逆向工程的研究是以几何形状重构的逆向建模技术为主要目标。逆向建模就是针对已有的产品模型,利用三维数字化测量设备准确、快速地测量出产品表面的三维数据,然后根据测量数据通过三维几何建模方法重建产品 CAD 模型。逆向建模的具体流程如图 1-1 所示,可分为几个阶段。①数据获取:利用三维测量仪器对实物模型进行测量得到模型表面三维数据;②数据预处理:对测量数据进行拼合、简化、过滤、三角化等预处理;③数据分割:由于测量模型通常由多个不同几何特征的曲面组成,因此需要对测量数据进行分块；④曲面重构：对各子曲面按其几何特征进行曲面拟合，最终重建得到产品完整的曲面模型。逆向工程是基于对产品各部分进行功能分解，深刻理解各部分或功能的原始设计目的的逆向建模的基础，对其重构得到的 CAD 模型进行创新性修改，是基于原产品设计的再设计。

图 1-1   逆向建模流程

目前应用较多的逆向建模方法主要有：非特征建模，特征建模，参数化建模和混合建模。以上逆向建模方法在逆向工程中应用比较广泛，但在实现基于逆向工程的曲面重构和再设计功能方面均有不足之处。

非特征建模一般是指应用矩形域曲面如孔斯曲面、贝塞尔曲面、B 样条曲面和 NURBS 曲面等来重建得到原产品的曲面模型，该方法虽然能表达形状复杂的产品模型，但是由于不能很好地反映产品的原始设计意图，所得到的 CAD 模型只是对原产品的简单复制，主要用途还局限于数据的可视化和产品的快速成型。

特征建模一般是指通过抽取表达原始设计意图以及蕴涵在测量数据中的特征，重建出基于特征表达的曲面模型，然后经过求交裁剪等处理后重构得到原产品的 B-rep 曲面模型。但是该方法只是单纯地重建曲面，忽略了曲面之间的几何约束关系，不利于对产品进行创新和再设计。而且，对于组合特征(孔、槽、凸台等)的提取，该方法要求零件呈序列化特征，只适用于可参数化修改的简单二次曲面，应用范围比较狭窄。

参数化建模一般是指通过提取隐含在产品模型中的原始设计参数，然后在可参数化修改的 CAD 软件中对有参特征进行编辑，如进行圆整编辑等。该建模方法能够比较方便地进行参数化修改，在一定程度上提高了模型重建的效率。但其能提取得到的参数信息有限，一般只适用于产品表面为规则曲面的模型，对于自由曲面等复杂曲面无法进行编辑修改。

1.3   正逆向混合建模

混合建模是目前逆向工程中应用最为广泛的一种建模方法，其建模流程一般是首先在逆向建模软件中重构得到产品的三维表面数据，并将表面数据中有参特征的参数提取出来，然后将其导入正向建模软件中进行编辑修改和实体建模，即将逆向建模和正向设计有机结合起来，充分发挥各自的优势。该建模方法能有效反求产品的原始设计意图，能提高反求模型的参数化修改能力，有利于产品的创新再设计。该建模方法的流程如图 1-2 所示，这种基于正逆向建模软件的混合建模方法在建模过程中人机交互操作比较多，而且重建得到的曲面精度不高，在正向软件中曲面重构后一般都要进行误差分析，若重要曲面重建的差值太大，还要重新修改，建模耗时长。

Geomagic Design Direct(构建于业界领先的 SpaceClaim® CAD API)是 Geomagic 推出的一款正逆向直接建模工具，兼有逆向建模软件的采集原始扫描数据并进行预处理的功能

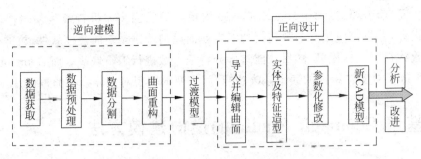

图 1-2　混合建模一般流程

和正向建模软件的正向设计功能。它在一个完整的软件包中无缝结合了即时扫描数据（点云或网格面）编辑处理、二维截面草图创建、特征识别及提取、正向建模和装配构造等功能。基于 Geomagic Design Direct 的混合建模，用户可以直接将点云扫描或导入至应用程序，然后使用丰富的工具命令快速地创建和编辑实体模型。无需复杂的特征历史树向后保留建模过程，用户同样可以自由地快速修改设计，并且无拘无束地更改特征的参数。

　　逆向建模技术和正向设计方法在构建产品的 CAD 模型时各有长处。逆向建模的优势在于对原始测量数据的强大处理功能和曲面重构功能；正向设计的优势在于特征造型和实体造型功能，对几何特征的编辑修改比较方便。

　　Geomagic Design Direct 正逆向建模软件相对于其他逆向建模软件的优势在于融合了逆向建模技术和正向设计方法的长处，可以对原始扫描数据进行优化处理并封装得到网格面模型，能便捷地从网格面模型中获取截面草图并进行编辑，准确地识别并提取三维规则特征如二次曲面（平面、球面、圆锥面和圆柱面）与规则曲面实体特征（拉伸体、旋转体和扫掠体）。而且，该软件具有强大的正向实体建模功能——既可对识别提取的规则特征进行编辑修改，还可对重构得到的实体模型进行创新性再设计。另外，对于不完整的原始扫描数据，该软件在只能提取一些必要的截面草图和特征信息的情况下，也能完整地重构得到产品完整的 CAD 模型。在 Geomagic Design Direct 中混合建模的具体流程如图 1-3 所示。

图 1-3　Geomagic Design Direct 混合建模流程

　　Geomagic Design Direct 正逆向建模软件与应用较为广泛的逆向建模软件 Geomagic Studio 二者之间的区别主要在于重构得到的 CAD 模型的类型不同。在 Geomagic Design Direct 中重构得到的是实体模型，通过计算并提取三角网格面模型中不同区域的曲率、法矢方向等参数，拟合得到相应的三维规则实体特征。在 Geomagic Studio 中重构得到的是曲面模型，需对三角网格面模型按几何形状特征进行划分，然后在划分后的各子网格面中分别拟合得到相应的三维曲面特征。相对于曲面模型，实体模型能更加完整、严密地描述模型的三维形状。而且,若要对 Geomagic Studio 重构得到的曲面模型进行参数编辑修改以实现创新性再设计,首先需应用其参数转换功能将曲面模型传送至正向建模软件,再通过求交裁剪等操作重构得到实体模型,然后才能对部分特征参数进行编辑修改。而 Geomagic Design Direct 就集成了对实体特征的编辑修改功能,可方便地实现对实体模型的再设计。

1.4　基于 Geomagic Studio 的逆向建模方法

　　传统的逆向建模技术是根据离散数据点重构一个完整、光滑、连续的曲面模型,因此曲面重构方法成为逆向建模技术中的一种关键方法。目前,已有学者展开研究的曲面重构的方法包括:函数曲面法、多边形模型法、隐函数法、细分曲面法、三角 Bézier 法、B 样条及 NURBS 法等。根据产品外观结构的几何特性分类,一般可将外观特征分为规则特征曲面和自由曲面。对于规则特征曲面,可通过平面、二次曲面和拉伸面等来进行拟合重构;对于自由曲面,可在连续性约束下,重构得到封闭、有向且各曲面之间能严格按拓扑关系连接的参数化曲面。现实生活中的工业设计产品,其外观结构往往既有规则特征曲面又有自由曲面,NURBS 方法可以统一表达解析曲线曲面和自由曲线曲面,因而 NURBS 方法在当今的 CAD/CAE 软件中得到广泛的应用,逆向建模软件 Geomagic Studio 也是应用该方法实现曲面模型重构的。

　　在 Geomagic Studio 中进行逆向建模重构一个曲面模型,通常需要经过三个阶段(有些原始测量数据是三角网格面形式,无需经过点云阶段)的处理:点阶段、多边形阶段和曲面阶段。点阶段的处理主要是对散乱点云进行对齐、过滤、采样等操作,以获得有序、便于处理的点云。多边形阶段的处理主要是对由点云三角化得到的三角网格面进行降噪、孔洞修补和光顺处理,以获得完整、光顺性较好的三角网格面。曲面阶段有两种处理模式:精确曲面重构和参数曲面重构,精确曲面重构适用于以复杂自由曲面特征为主的手工艺品等模型,参数曲面重构适用于以规则曲面特征为主的机械产品模型。在 Geomagic Studio 中,精确曲面模块采用非特征建模技术,其功能是将三角网格面模型划分为由多个较小的四边曲面片组成的集合体,然后在每个四边曲面片区域拟合 NURBS 曲面片,并保证相邻曲面片是全局连接和 G1 连续的;参数曲面模块采用了特征及参数化建模讲述,其功能可以对不同曲面的类型(二次曲面、旋转面、自由曲面等)进行定义,然后分别拟合得到相应的 NURBS 曲面,并可通过截面草图及施加约束等功能对模型进行调整,以及发送到正向软件中进行进一步的参数化修改。

　　下面以一个简单模型为例,分别介绍在 Geomagic Studio 中基于精确曲面和参数曲面的逆向建模方法,实现曲面模型重构的两种模式。

1.4.1　基于 NURBS 曲面片的精确曲面重构

　　在 Geomagic Studio 精确曲面模块下重构得到的曲面模型是由四边 NURBS 曲面片组成的集合体,可以在软件中自动重构得到,实际操作人员也可以应用精确曲面模块下的半自动编辑工具对其进行编辑后得到更为理想的结果。重构 NURBS 曲面模型的主要步骤可分为四个,分别是探测轮廓线或曲率、构造四边曲面片、构造格栅和拟合 NURBS 曲面。

1. 探测轮廓线或曲率

探测三角网格面模型表面的曲率或轮廓线以生成重构曲面的轮廓线，探测后提取出的轮廓线一般是由表面上高曲率变化所决定的，它们将整个网格面模型分成多个低曲率变化的主曲面，如图 1-4 所示。

图 1-4　提取的轮廓线

2. 构造四边曲面片

构造四边曲面片是精确曲面重构阶段至为关键的一步，因为四边曲面片将为后续的拟合重构 NURBS 曲面模型创建曲面边界框架。创建的四边曲面片要满足三个基本要求才能重构得到表面质量较好的 NURBS 曲面模型，基本要求是：①规则的图形，每个曲面片要近似为矩形；②合适的形状，每个曲面片内部没有明显或较多的曲率突变；③有效的数量，曲面片在满足前两个要求的前提下，数量要尽量少。自动生成的四边曲面片通常会出现小曲面过多、曲面边界不规整等情况，在经过曲面片工具的编辑处理后的 NURBS 曲面片如图 1-5 所示。

3. 构造格栅

构造格栅是在每个四边曲面片里放置格栅，格栅线的交点准确地定位在三角网格面上，作为计算 NURBS 曲面的有序型值点，格栅线则作为计算 NURBS 曲面的样条曲线。构建的格栅越密集，从三角网格面上捕获并反映在最终 NURBS 曲面模型上的信息就越多。在每个四边曲面片中构造分辨率为 10×10 的格栅，其局部放大后的效果如图 1-6 所示。

图 1-5　编辑处理后的四边曲面片

图 1-6　构造格栅

4. 拟合 NURBS 曲面

最后一步是根据前三步得到的中间结果，应用软件中自动拟合曲面的功能构造 NURBS 曲面模型，重构的 NURBS 曲面模型如图 1-7(a) 所示，由 1104 片 NURBS 曲面组成。在精确曲面模块下的分析工具栏中还可对重构曲面与点云进行偏差分析，对比分析后的结果如图 1-7(b) 所示。从图 1-7(b) 中可以看到，除了存在突起的错乱网格面区域、数据不完整的孔洞区域和锐边区域，重构的曲面模型中绝大部分区域的误差很小，其中最大偏差为 0.198mm，平均偏差为 0.008mm，标准偏差为 0.020mm。

(a) 重构的NURBS曲面模型   (b) 偏差分析结果

图 1-7   重构的 NURBS 曲面模型及其偏差分析

在精确曲面模块下重构得到的 NURBS 曲面模型精度高,拟合的曲面与点云之间的误差很小。但是它是由成百上千的四边 NURBS 曲面片组成,无法准确表达规则的曲面特征、曲面之间的连接特征(圆角连接或锐边连接等),导入正向软件后也无法进行编辑修改以实现逆向建模基础上的再设计。因此,精确曲面模块重构的 NURBS 曲面模型的实际应用面比较狭窄。

1.4.2   基于曲面特征的参数曲面重构

参数曲面模块重构的模型与精确曲面模块的不同,得到的是类似 CAD 的曲面模型——由几何类型明确的曲面拼接构成。以三角网格面模型为基础进行曲面重构时,由于受三角网格面片的表达限制,曲面模型可能存在不平整的平面区域,或是规则特征表达不准确的曲面(如圆柱面、圆锥面等规则曲面)。在参数曲面模块下进行曲面模型重构的过程中,可以在划分区域后的三角网格面模型中对各区域指定其所属的曲面类型(包括平面、二次曲面、拉伸面、旋转曲面等),再按曲面类型在各区域拟合曲面。曲面重构的主要处理步骤为:探测区域及编辑轮廓线、曲面的定义与拟合、连接面的定义与拟合、创建曲面模型。

1. 探测区域及编辑轮廓线

参数阶段下,首先在三角网格面模型中探测到高曲率区域,并自动使用红色分隔符将具有不同几何特征的区域分隔开,相邻区域的颜色不同以便直观地区分(如图 1-8(a)所示)。因为实际划分网格面模型的是从分隔符中自动提取的轮廓线,若探测区域后分割符划分区域的结果不理想,可以手动添加(或删除)分隔符或在参数对话框中更改区域敏感度的参数值。轮廓线是各几何特征区域的边界线,轮廓线是否光顺在很大程度上影响后续曲面拟合的效果,所以需对自动提取的轮廓线进行松弛、移动等编辑,处理后的结果如图 1-8(b)所示。

2. 曲面的定义与拟合

工业产品的表面通常混合了多种特征曲面。拟合曲面前,操作人员需对各区域指定其所属的曲面类型,Geomagic Studio 中可指定的曲面类型包括平面、二次曲面、自由曲面、拉伸曲面、拔模曲面、旋转曲面、扫掠曲面和放样曲面等。指定曲面特征类型后,软件将使用特定的特征曲面类型拟合出指定的区域。当拟合得到的曲面与三角网格面的偏差较大,会导

(a) 区域划分　　　　　　　　　　　　(b) 轮廓线提取

图 1-8　探测曲率并生成轮廓线

致后续的拟合曲面间的连接和裁剪缝合操作的结果不理想，需要修改拟合的参数后重新拟合。拟合曲面后的结果如图 1-9 所示。

图 1-9　拟合曲面

3. 连接的定义与拟合

工业产品模型上的曲面之间的连接方式（过渡特征），比较常见的有等半径圆角连接面、变半径连接面和倒直角连接面，Geomagic Studio 中拟合连接时相应的名称分别是：恒定半径、自由形态和尖角。由于三角网格面片会把曲面间的锐边过渡表达为圆角过渡面，软件自动识别曲面之间的连接曲面时通常会混淆尖角连接面和等半径圆角连接面，这就需要操作人员对曲面间过渡面的类型进行编辑修改。

4. 创建曲面模型

拟合曲面及其相互之间的连接后，即可应用软件中的"裁剪并缝合"工具自动化处理，重构得到类似 CAD 的曲面模型。参数曲面模块下重构得到的结果如图 1-10(a) 所示，主曲面及其相互之间的连接面共有 48 个面。拟合后的曲面模型与三角网格面之间的偏差分析的结果如图 1-10(b) 所示，其中最大偏差为 0.442mm（立方体轮廓线标记处，即孔洞修补的区域内），平均偏差为 -0.002mm，标准偏差为 0.124mm。

参数阶段重构得到的曲面模型是按曲面的几何特征分别拟合后组合而成的，能在一定程度上反映出原始设计意图。另外，在拟合曲面及曲面间的连接后可通过软件的参数转换功能，将拟合的曲面模型输出至主流正向 CAD 软件（CATIA、SolidWorks、Pro/E 和 Autodesk Inventor）中，以便进行逆向建模基础上的再设计或创新。而且，在参数曲面模块下拟合规则曲面时还新增了功能，可通过施加约束（如圆柱面轴线的位置与角度），以

(a) 重构的参数曲面模型

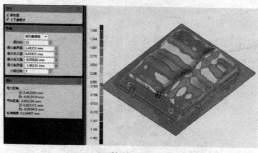

(b) 偏差分析结果

图 1-10   重构的曲面模型及其偏差分析

及对曲面特征的截面生成草图进行编辑,来进一步提高建模精度。这也体现了逆向工程技术中,识别原始模型的设计意图,实现基于逆向建模模型的再设计功能,是重点发展的方向。

第2章

Geomagic Studio逆向建模技术基础

2.1 Geomagic Studio 14 版软件介绍

Geomagic Studio 是由美国 Geomagic 公司提供的逆向建模软件,可将扫描所得的点云数据或多边形数据进行处理,并以处理后的多边形数据模型为依据,创建出逼近原扫描对象的 NURBS 曲面模型或 CAD 曲面模型,然后直接输出模型或将所创建模型输出至多款正向建模或正逆向混合建模软件。

Geomagic Studio 14 版软件在保留原有功能的基础上,新增了分析模块和曲线模块,并对点云阶段、多边形阶段、精确曲面阶段、参数曲面阶段、采集模块、特征模块等功能模块进行了改进,且各阶段之间能够通过转换为多边形或点云相互连接起来。经上述改进后,不仅拓宽了 Geomagic Studio 逆向建模的建模方向,也使各阶段相互关联,提高了逆向建模的效率、精度。

Geomagic Studio 的主要优点如下:

(1) 更多样的建模。用户除可以在精确曲面阶段创建 NURBS 曲面模型和参数化曲面阶段创建 CAD 曲面模型外,还可以在曲线模块创建轮廓曲线模型,以及经采集模块获取特征数据后在特征模块创建具有规则特征的模型。

(2) 更快捷的建模。14 版本软件提供了多种自动建模操作,可快速创建模型。例如:在精确曲面阶段可以通过自动曲面化命令直接创建基于扫描数据的 NURBS 曲面模型。

(3) 高度兼容性。Geomagic Studio 可通过参数转换插件与多款正向建模软件进行参数转换,也可以实现正逆向混合建模软件的模型输出。

(4) 参数化程度更高。Geomagic Studio 所创建的 CAD 曲面模型可对草图中各线段参数加以修改,同时也可对线段间相互位置关系进行约束,便于用户获取更理想的尺寸、结构模型。

(5) 模块间联系更加紧密。针对复杂特征模型,如不易通过单一阶段操作获取的模型,可将多边形模型经后续某一阶段编辑后,重新转化为多边形,编辑部分经转化后会使该处多边形更符合原物特征,再进行另一阶段的编辑,获取理想模型。

(6) 提高产品设计效率。利用 Geomagic Studio 进行设计能够更快速地解决工程设计问题,并缩短设计开发时间。

综上所述,Geomagic Studio 14 版软件更好地实现了与三维扫描技术的完美结合,能够精简产品开发窗口、提供工作效率,为逆向工程提供了更有效的建模工具。

2.2　Geomagic Studio 逆向建模基本流程

　　Geomagic Studio 逆向设计的基本原理是对由若干细小三角形组成的多边形模型进行网格化处理,生成网格曲面,进而通过拟合出的 NURBS 曲面或 CAD 曲面来逼近还原实体模型。建模流程可划分为"数据采集—数据处理—曲面建模—输出"四个前后联系紧密的阶段来进行,如图 2-1 所示。

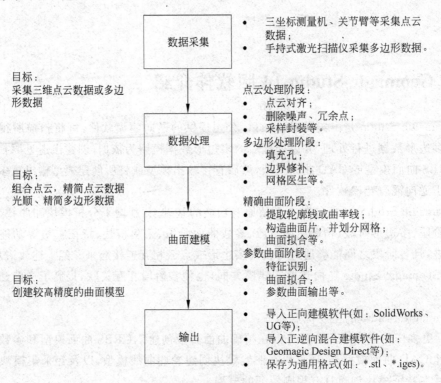

图 2-1　逆向建模流程

　　整个建模操作过程主要包括点阶段、多边形阶段和曲面阶段。点阶段主要是对点云进行预处理,包括删除噪音(噪声)和冗余点、点云采样等操作,从而得到一组整齐、精简的点云数据。多边形阶段的主要作用是对多边形网格数据进行表面光顺与优化处理,以获得光顺、完整的多边形模型。曲面建模可分为两个流程:精确曲面阶段和参数曲面阶段。精确曲面阶段主要作用是对曲面进行规则的网格划分,通过对各网格曲面片的拟合和拼接,拟合出光顺的 NURBS 曲面;参数曲面阶段的主要作用是通过分析设计目的,根据原创设计思路定义各曲面特征类型,进而拟合出 CAD 曲面。

2.3　Geomagic Studio 模块介绍

　　Geomagic Studio 的逆向建模操作主要包括以下九个模块:基础模块、采集模块、分析模块、特征模块、点处理阶段、多边形处理阶段、精确曲面阶段、参数曲面阶段和曲线模块。

1. 基础模块

此模块的主要作用是给软件操作人员提供基础的操作环境,包含的主要功能有文件存取、处理对象选取、显示控制及数据结构等。

2. 采集模块

此模块的主要作用是通过特定的测量方法和设备,将被测物体表面形状转化为若干几何空间坐标点,从而得到逆向建模以及尺寸评价所需数据。包含的主要功能有:

(1) 移动硬件设备、快速对齐、坐标转换、温度补偿;

(2) 选择特征类型,快速创建特征;

(3) 使用硬测头采集,快速实现特征之间测量;

(4) 重新使用已定义投影曲面。

3. 分析模块

此模块的主要作用是以点云数据或多边形数据模型为参考,对曲面模型进行误差分析,获取偏差分析图,并对所建曲面模型进行修改,提高逆向建模的精度。包含的主要功能有:

(1) 生成 3D 偏差分析图;

(2) 计算对象上两点间最短距离;

(3) 计算体积、重心、面积;

(4) 生成手动选择点的 XYZ 坐标值并将其导出。

4. 特征模块

此模块的主要作用是在活动的对象上定义一个特征结构体,并对其命名,以作为分析、对齐、修建工具的参考。包含的主要功能有:

(1) 探测特征、创建不同类型的特征;

(2) 编辑、复制、转化特征;

(3) 在图形区域内切换所有特征的显示方式;

(4) 参数转换、输出到正向建模软件。

5. 点处理阶段

此模块的主要作用是对导入的点云数据进行处理,获取一组整齐、精简的点云数据,并封装成多边形数据模型。包含的主要功能有:

(1) 导入点云数据、合并点云对象;

(2) 点云着色;

(3) 选择非连接项、体外孤点、减少噪音、删除点云;

(4) 添加点、偏移点;

(5) 对点云数据进行曲率、等距、统一或随机采样;

(6) 将点云数据三角网格化封装。

6. 多边形处理阶段

此模块的主要作用是对多边形数据模型进行表面光顺及优化处理,以获得光顺、完整的

多边形模型,并消除错误的三角面片,提高后续拟合曲面的质量。包含的主要功能有:

(1) 清除、删除钉状物,砂纸打磨,减少噪音以光顺三角网格;

(2) 删除封闭或非封闭多边形模型多余三角面片;

(3) 填充内、外孔或者拟合孔,并清除不需要的特征;

(4) 网格医生自动修复相交区域、非流形边、高度折射边,消除重叠三角形;

(5) 细化或者简化三角面片数量;

(6) 加厚、抽壳、偏移三角网格;

(7) 合并多边形对象,并进行布尔运算;

(8) 锐化特征之间的连接部分,通过平面拟合形成角度;

(9) 选择平面、曲线、薄片对模型进行裁剪;

(10) 手动雕刻曲面或者加载图片在模型表面形成浮雕;

(11) 修改边界,并可对边界进行编辑、松弛、直线化、细分、延伸、投影、创建新边界等处理;

(12) 转换成点云数据或者输出到其他应用程序,做进一步分析。

7. 精确曲面阶段

此模块的主要作用是通过探测轮廓线、曲率来构造规则的网格划分,准确地提取模型特征,从而拟合出光顺、精确的 NURBS 曲面。包含的主要功能有:

(1) 自动曲面化;

(2) 探测轮廓线,并对轮廓线进行绘制、松弛、收缩、合并、细分、延伸等处理;

(3) 探测曲率线,并对曲率线进行手动移动、升级/约束等处理;

(4) 构造曲面片,并对曲面片进行移动、松弛、修理等处理;

(5) 移动曲面片,均匀化铺设曲面片;

(6) 构造格栅,并对格栅进行松弛、编辑、简化等处理;

(7) 拟合 NURBS 曲面,并可修改 NURBS 曲面片层、修改表面张力;

(8) 对曲面进行松弛、合并、删除、偏差分析等处理;

(9) 转化为多边形或者输出到其他应用程序,做进一步分析。

8. 参数曲面阶段

此模块的主要作用是通过探测区域,并对各区域定义特征类型,进而拟合出具有原始设计意图的 CAD 曲面,然后将 CAD 曲面模型发送到其他 CAD 软件中进行进一步参数化编辑。包含的主要功能有:

(1) 探测区域,定义所选区域的曲面类型;

(2) 编辑草图,将所选区域拟合成参数化曲面;

(3) 拟合连接曲面;

(4) 偏差分析,修复曲面;

(5) 裁剪缝合各曲面,或将各曲面参数交换输出到其他 CAD 软件。

9. 曲线模块

此模块的主要作用是对点云阶段和多边形阶段处理所得对象的边界轮廓线或截面轮廓

线进行提取,并对轮廓线进行二维草图编辑,创建曲线模型,然后将曲线模型输出到正向设计软件,进行后续的正向设计。包含的主要功能有:

(1) 从截面、边界创建曲线;

(2) 重新拟合、编辑曲线;

(3) 绘制和抽取曲线;

(4) 将投影曲线转化为自由曲线或边界线;

(5) 参数转换、发送到正向建模软件。

2.4　工作界面

有两种方法可以启动 Geomagic Studio 应用软件:

(1) 单击"开始"菜单中 Geomagic Studio 2014 程序;

(2) 双击桌面上 Geomagic Studio 2014 图标 。

进入 Geomagic Studio 2014 后将会看到如图 2-2 所示的工作界面。

Geomagic Studio 2014 的工作界面分为"应用程序菜单""快速访问工具栏""工具栏"(分为多个工具组)、"管理面板""绘图窗口""状态栏""进度条"。

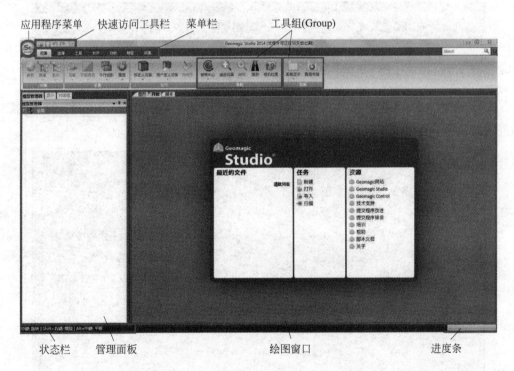

图 2-2　Geomagic Studio 的工作界面

(1) "应用程序菜单"包含文件"新建""打开"(直接将文件拖入管理面板,可在同一绘图窗口导入新文件)、"保存"等相关命令,以及定制 Geomagic Studio 14 等选项,如图 2-3 所示。

图 2-3　应用程序菜单

（2）"快速访问工具栏"包含与文件相关的最常用快捷方式，如
"打开""保存""撤销""恢复"等命令，如图 2-4 所示。

图 2-4　快速访问工具栏

（3）"工具栏"包含按组分类的工具操作组，如图 2-5 所示。

图 2-5　工具栏

（4）"绘图"窗口的开始标签可引导用户新建新文档或导入已有数据，工作区建立后，开
始界面窗口将跳转到图形显示窗口，如图 2-6 所示。

图 2-6　图形显示窗口界面

（5）单击面板右上角的 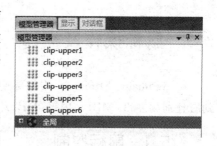 按钮，将使所对应的面板自动隐藏到软件的左边，所有面板的名称将显示在软件界面左边的边界上，光标停留在这些名称上时，将使相应的"面板"临时显示出来，当"面板"显示出来时，再次单击按钮将使"面板"窗口恢复到默认状态。

图 2-7 "模型管理器"面板

"模型管理器"可显示设计中的每个对象，如图 2-7 所示，在"模型管理器"中可以对各对象进行显示、隐藏或重命名等操作，还可以同时选中若干对象，进行创建组，对各对象按建模要求进行分类。

"显示"面板可以修改系统参数和对象视觉特性，如"全局坐标系""边界框""几何图形显示"等，如图 2-8 所示。

"对话框"面板显示当前操作步骤的具体操作内容以及偏差限制，图 2-9 为"减少噪音"操作对话框。

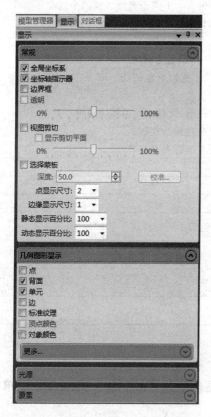

图 2-8 "显示"面板

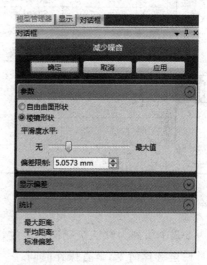

图 2-9 "对话框"面板

（6）状态栏显示对当前设计的操作有关的提示信息，如图 2-10 所示。

（7）进度条显示当前操作已进行的进度，如图 2-11 所示。

图 2-10 状态栏

图 2-11 进度条

2.5　鼠标操作及热键

在 Geomagic Studio 14 中需要使用三键鼠标,这样有利于提高工作效率。鼠标键从左到右分别为左键(MB1)、中键(MB2)、右键(MB3)。

2.5.1　鼠标控制

通过功能键和鼠标的特定组合可快速地选择对象和进行视窗调节,如表 2-1 所示,该表所列的是鼠标键盘控制组合键。

表 2-1　鼠标控制组合键

	左键	(1) 单击选择用户界面的功能键和激活对象的元素;
		(2) 单击并拖拉激活对象的选中区域;
		(3) 在一个数值栏里单击上下箭头来增大或减小这个值
	Ctrl+左键	取消选择的对象或者区域
	Alt+左键	调整光源的入射角度和调整亮度
	Shift+左键	当同时处理几个模型时,设置为激活模型
	滚轮/中键	(1) 缩放,即放大或缩小视窗对象的任一部分,把光标放在要缩放的位置上并使用滚轮;
		(2) 把光标放在数值栏里,滚动滚轮可增大或缩小数值;
		(3) 单击并拖动对象在视窗中旋转;
		(4) 单击并拖动对象在坐标系里旋转
	Ctrl+中键	设置多个激活对象
	Alt+中键	平移
	Shift+Ctrl+中键	移动模型
	右键	单击获得快捷菜单,包括了一些使用频繁的命令
	Ctrl+右键	旋转
	Alt+右键	平移
	Shift+右键	缩放

2.5.2　快捷键

表 2-2 中所列为默认快捷键。通过快捷键可迅速地获得某个命令,不需要在菜单栏里或工具栏里选择命令,节省操作时间。

表 2-2　快捷键及其所对应的命令

快　捷　键	命　　令
Ctrl+N	文件→新建
Ctrl+O	文件→打开
Ctrl+S	文件→撤销

续表

快　捷　键	命　令
Ctrl+Z	编辑→撤销
Ctrl+Y	编辑→重选
Ctrl+T	编辑→选择工具→矩形
Ctrl+I	编辑→选择工具→线条
Ctrl+P	编辑→选择工具→画笔
Ctrl+U	编辑→选择→定制区域
Ctrl+V	编辑→只选择可见
Ctrl+A	编辑→全选
Ctrl+C	编辑→全部不选
Ctrl+D	视图→拟合模型到视窗
Ctrl+F	视图→设置旋转中心
Ctrl+R	视图→重新设置→当前视图
Ctrl+B	视图→重新设置→边界框
Ctrl+X	工具→选项
Ctrl+Shift+X	工具→宏→执行
Ctrl+Shift+E	工具→宏→结果
F1	帮助→这是什么?(放置光标在需求帮助的命令上,然后按 F1)
F2	视图→对象→隐藏不活动的项
F3	视图→对象→隐藏/显示下一个
F4	视图→对象→隐藏/显示上一个
F5	视图→对象→选择所有相同项作为活动项
F6	视图→对象→显示全部
F7	视图→对象→隐藏全部
F12	切换开/关的透明度

2.6　视图模块

　　视图模块包括"对象""设置""定向""导航""标准纹理""面板"等六个操作组,如图 2-12 所示。

图 2-12　视图模块操作工具界面

1. "对象"操作组

"对象"操作组包含的操作工具有:

(1)"颜色" ：设定活动对象的可见颜色,以帮助区分类型相同的多个对象或者空间内相互叠加的对象。

(2)"隐藏" ：在"图形区域"内隐藏一组对象。

非活动对象：在"图形区域"内隐藏非主动对象。

所有对象：在"图形区域"内隐藏所有对象。

（3）"显示" ：在"图形区域"使一组对象变得可见和活动。

所有对象：在不激活的条件下，使"图形区域"的所有对象变得可见。

下一对象：关闭当前可见的对象并激活"模型管理器"中下一个对象。

前一对象：关闭当前可见的对象并激活"模型管理器"中前一个对象。

2. "设置"操作组

"设置"操作组包含的操作工具有：

（1）"视图" ：控制出现在"图形区域"内是整个对象还是所选的对象部分。

仅限选定项：隐藏未选择的部分，并将视图编辑放到选择的部分。

整个模型：取消"仅限选定项"的影响；显示全部对象并清除选择部分。

（2）"平面着色" ：利用颜色单独锐化多边形的线条以提高用户区分它们的能力。

（3）"平滑着色"：使邻近的多边形变得模糊，以创建更加平滑的曲面外观。

（4）"平行投影" ：按原模型的样式显示。

"透视投影"：多边形投影到"图像区域"时，接近的部分图像显示较大，远离侧部分较小。

（5）"曲面" ：可进行全部曲面和封闭曲面的操作。

全部曲面：返回显示对象的所有部分，包括闭合和未闭合的部分。

封闭曲面：限定只显示对象的闭合部分。

（6）"背景格栅" ：允许激活/关闭背景网格。

背景格栅选项：切换和修改背景格栅显示属性的工具。

（7）"重置" ：将"图形区域"的各设置选项恢复到出厂设定值。

重置当前视图：移除边界框使对象返回最近选择的"视图"。

重置所有视图：使对象返回最近选择的"视图"（标准视图或用户定义视图）。

重置边框：重新计算边界框的尺寸（常用于对象尺寸改变后）。

3. "定向"操作组

"定向"操作组包含的操作工具有：

（1）"预定义视图" ：在 Geomagic Studio 14 视图模块中包含多种视图，依次是"俯视图""仰视图""左视图""右视图""前视图""后视图"和"等测视图"，如图 2-13 所示。

提示：选择视图可通过"视图"菜单中的预定义视图下拉栏选择所需要的视图，也可以在设计窗口右侧选择工具条中选择视图命令，如图 2-14 所示。也可以在设计窗口右下角的坐标指示选择视图，如图 2-15 所示。单击鼠标中键自由拖动可自由查看对象。

图 2-13　视图模块中多种视图

图 2-14 预定义视图　　　　　　　图 2-15 坐标指示

（2）"用户定义视图" ：允许用户自定义和管理视图；用户定义的视图可补充预定义视图。

保存：将对象的当前定向创建为"自定义视图"，并使用系统生成的名称保存。

另存为：名称以及将对象的当前定向创建为用户定义视图的提示。

删除：移除一个"用户定义视图"。

删除全部：移除所有"用户定义视图"。

（3）"视图布局图" ：可将"图形区域"分割成多个显示面板。

（4）"法向于" ：调整对象的用户视图，使选择的点距离用户最近。

4. "导航"操作组

"导航"操作组包含的操作工具有：

（1）"旋转中心" ：可在"图形区域"内修改对象旋转中心。

设置旋转中心：将对象的旋转中心设为"图形区域"对象上的一个点。

重置旋转中心：将对象的旋转中心设为其边界框的中心。

切换动态旋转中心：切换运行方式，以在每次开始旋转时通过鼠标单击设定对象的旋转中心。

（2）"适合视图" ：调节可见对象的缩放范围以填充图形区域。

（3）"缩放" ：在"图形区域"缩小或放大对象。

（4）"漫游" ：当命令激活时，允许用户使用键盘控制场景向前、向后、向左、向右、向上、向下。

（5）"相机位置" ：当 Walk Though 模式激活时，允许用户自己定义视角来浏览。

5. "标准纹理"操作组

"标准纹理"操作组包含的操作工具有：

（1）"显示"：激活选择纹理的显示方式。

（2）"选择纹理" ：指定一种渲染纹理（如斑马线、彩虹、棋盘、电路板、皮革等）。

（3）"反射"：在抛光金属变体中渲染选择的纹理。

（4）"标准"：利用标准外观渲染选择的纹理。

6. "面板"操作组

"面板"操作组包含的操作工具有：

（1）"面板显示" 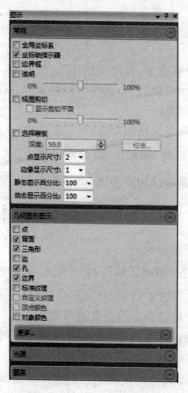：能够在 Geomagic Studio 应用程序窗口切换管理面板的显示方式。

模型管理器：在 Geomagic Studio 应用程序窗口选择是否打开模型管理器。

显示：在 Geomagic Studio 应用程序窗口选择是否打开显示面板。可通过"显示"面板快速修改和调用系统指标或参数，如图 2-16 所示。

图 2-16　"显示"控制面板

对话框：在 Geomagic Studio 应用程序窗口选择是否打开对话框。（对话框包含了每个操作工具的具体操作内容）

（2）"重置布局"　：重置软件界面布局，恢复到系统默认状态。

2.7　选择模块

选择模块包括"数据""模式""工具"三个操作组，如图 2-17 所示。

图 2-17　选择模块操作组

1. "数据"操作组

"数据"操作组包含的操作工具有：

（1）"按曲率选择" ：可按指定曲率选择多边形。

（2）"选择边界" ：可在点对象或多边形对象上选择一个或多个自然边界。

（3）"选择组件" ：可用来增加现有选择区域的范围。

有界组件：选择所有边界（至少有一个已选择的多边形）内的所有多边形。

流形组件：扩展选项以包括所有相邻的流形三角形。

（4）"选择依据" ：可根据对象的拔模斜度、边长、区域、体积、折角等几何属性进行选择。

（5）"扩展" ：可增大现有选择区域的范围。

扩展一次：在现有选择区域的所选多边形上，沿各方向扩展一个多边形。

扩展多次：执行五次"扩展一次"命令。

（6）"收缩" ：可缩小现有选择区域的范围。

收缩一次：在现有选择区域的所选多边形上，沿各方向收缩一个多边形。

收缩多次：执行五次"收缩一次"命令。

（7）"全选"：可进行全选对象和全选数据操作。

数据：在"模型管理器"中选择全部主动对象。

对象：将"模型管理器"内所有的同类对象突出显示（激活）为当前对象。

（8）"全部不选"：取消选择的整个对象。

（9）"反选"：选择对象所有未选择的部分，并取消所有已选择的部分。

2. "模式"操作组

"模式"操作组包含的操作工具有：

（1）"选择模式" ：可进行仅选择可见项和选择贯通操作。

仅选择可见项：使用标准选择工具选择其正面朝向视窗的多边形与 CAD 表面的可见数据。

选择贯通：使用标准选择工具选择其正面朝向视窗的多边形与 CAD 表面的所有数据，包括可见和隐藏的数据。

（2）"按角度选择" ：切换标准选择工具的运行模式。在"折角"模式下，选择工具可扩展选项，以包括所有相邻多边形，这些多边形的共有边都以相对较小的角度相交。

（3）"选择后面" ：让"仅选择可见"和"选择贯通"对点、多边形和 CAD 对象的背面也起作用。

3. "工具"操作组

"工具"操作组包括的操作工具有：

(1)"选择工具" ：默认情况下,选择工具向导处于活动状态,可通过鼠标左键对出来对象的表面进行选择,也可在"选择"模块中的选择工具下拉菜单中选择不同的工具,如图 2-18 所示。还可以在设计窗口右侧的工具条中选择所需要的选择工具,如图 2-19 所示。

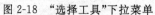

图 2-18　"选择工具"下拉菜单　　　　　图 2-19　预定义选择工具

"矩形"：使用户在"图形区域"内的选择形状呈矩形。

"椭圆"：使用户在"图形区域"内的选择形状呈椭圆。

"直线"：使用户在"图形区域"内的选择形状呈直线(在点对象上不可用)。

"画笔"：按住鼠标左键的同时,使选择工具像画笔一样运行。

"套索"：使选择工具像套索一样运行,这样可选择不规则区域内的所有内容。

"多义线"：通过单击有限个点,定义不规则多边形的区域。

(2)"定制区域" ：选择用户自定义指定的对象区域。

2.8　文件的导入与导出

Geomagic Studio 可支持多种格式的点云数据和多边形数据的导入,同时也能够以多种方法进行导出。

支持导入的点云数据格式有：＊.wrp、＊.txt、＊.gpd 等,其中无序点云数据包括：3PI-ShapeGrabber、AC-Steinbichler、ASC-generic ASCII、SCN-Laser Desing、SCN-Next Engine 等。

支持导入的多边形数据格式有：＊.3ds、＊.obj、＊.stl、＊.ply、＊.iges 等。

生成模型后,模型导出的方法有三种：①将模型保存为 ＊.stl 或 ＊.iges 等通用格式文件输出；②将模型通过"参数交换"命令导出到正向建模软件(例如：SolidWorks、Pro/E 等)；③将模型通过"发送到"命令导出到正逆向混合建模软件(例如：Geomagic Design Direct、SpaceClaim 等)。

2.9　Geomagic Studio 14 基础操作实例

目标：了解和熟悉 Geomagic Studio 软件界面的组成与基本操作,并通过对软件的个性化设置以适合不同操作人员的需求。

本实例主要有以下几个步骤：

1. 打开/导入文件

(1)启动 Geomagic Studio 软件,选择菜单"文件"→"打开"命令或单击工具栏上的"打开"图标 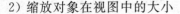 ,系统弹出"打开文件"对话框,如图 2-20 所示。

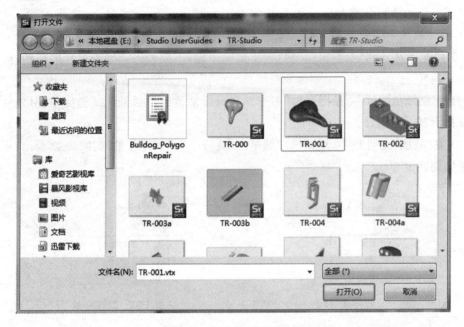

图 2-20　"打开文件"对话框

(2) 在"打开文件"对话框中选择文件所在目录,从中选取文件名为"自行车座椅"的多边形数据文件,然后单击"打开"按钮,在视窗中显示出自行车座椅多边形数据,如图 2-21 所示。

提示:在视窗已打开数据模型时,若要在同一个视窗打开其他数据模型,可以选择菜单文件导入来加载新的数据。还可以直接按住鼠标左键将文件从所在文件夹拖入管理面板打开。但需注意,只能将文件拖入管理面板才能在同一视窗打开,否则将会重建视窗。

2. 平移、缩放、旋转对象

1)平移设计对象在设计窗口中的位置

将光标移动到"绘图窗口"内。按住 Alt 键,同时按下鼠标中键。移动鼠标,"绘图窗口"的对象也跟着移动,释放 Alt 键,或释放鼠标中键,完成操作。

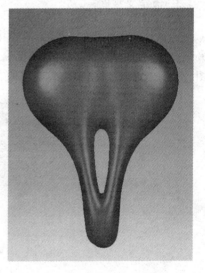

图 2-21　自行车座椅多边形数据

2)缩放对象在视图中的大小

(1)将光标移动到"绘图窗口"内,滚动鼠标滚轮,向后滚动将放大对象,向前滚动将缩小对象,缩放中心为光标所在的位置。

(2)在"视图"工具栏中,用鼠标左键单击"缩放"下拉菜单,选择所需要的缩放命令,如图 2-22 所示,然后用鼠标左键单击或拖选需要放大的区域。

(3)在"视图"工具栏中,用鼠标左键单击"适合视图"命令,或使用快捷键 Ctrl+D,软件将自动把对象调节到合适大小。

3)旋转视图中的对象

(1)将光标移动到"绘图窗口"内,按下鼠标中键,不要松开。随着鼠标的移动,模型对象也跟着旋转。

(2)用鼠标左键单击"绘图窗口"右下角坐标指示器的圆弧箭头或坐标轴,对象将会随着坐标指示器一起旋转。

(3)在"视图"工具栏中,用鼠标左键单击"旋转中心"下拉菜单,如图 2-23 所示,可以设置对象的旋转中心。

图 2-22　"缩放"命令

图 2-23　旋转中心

3．预定义视图

用鼠标左键单击"视图"工具栏中的"预定义视图"下拉菜单,弹出视图选项。选择"预定义视图"命令后,模型自动在"绘图窗口"中显示相应的视图。如图 2-24(a)显示模型的后视图,图 2-24(b)显示模型的等测视图。

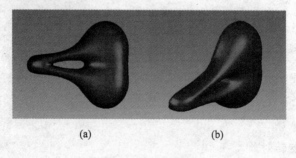

(a)　　　　　　　　　　(b)

图 2-24　模型视图

4．选择工具和删除

在对数据进行处理的过程中,往往需要进行局部或者全部选择;对数据中多余的或者不需要的部分进行选择之后,再进行删除处理。鼠标左键单击"选择"工具栏中的"选择工具"下拉菜单,分别选择"矩形""椭圆""直线""画笔""套索""多义线"命令对模型进行选择。

选择合适的命令后,按住鼠标左键对区域进行选择。如图 2-25 所示是使用各种选择工具对模型进行选择。

如要撤销选择,只需按住 Ctrl+鼠标左键进行反选即可撤销反选中的区域。用"选择工具"其中的一种或者几种将所需删除的点云数据选中后,在"点"工具栏中选择"删除"命令即可删除所选。

提示:可在视窗右击对模型进行"全选""全部不选"或者"反转选区"操作。另外,Geomagic Studio 支持 Windows 环境下的快捷键操作,如"全选"命令可使用 Ctrl+A 组合键进行全选。

5. 设置默认打开/保存目录

单击文件菜单右下角的"选项"按钮,弹出"选项"对话框如图 2-26 所示。

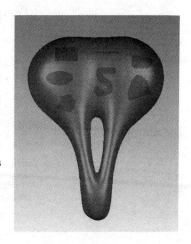

图 2-25 选择数据

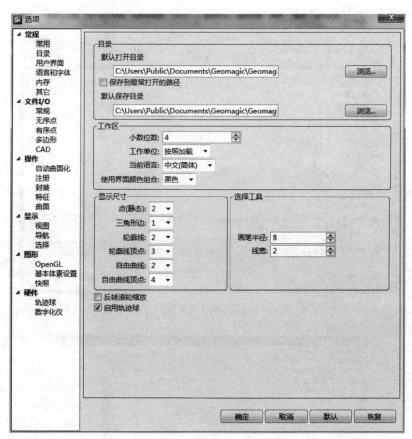

图 2-26 "选项"对话框

单击左侧"常用"选项,选择"默认打开目录"或"默认保存目录",并单击右侧的"浏览"按钮,可分别设置打开和保存的默认路径,如图 2-27 所示。

图 2-27　"浏览文件夹"对话框

6. 保存并退出

单击文件菜单的另存为命令,弹出"另存为"对话框,如图 2-28 所示。单击"保存类型"下拉菜单,如图 2-29 所示,选择"＊.wrp"格式类型,文件名默认,单击"保存"按钮。

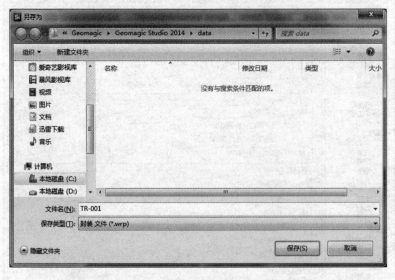

图 2-28　"另存为"对话框

图 2-29　保存类型

单击文件菜单的"退出"命令或者单击软件窗口右上角的"关闭"按钮,退出软件。

第3章

Geomagic Studio数据采集阶段

3.1 数据采集阶段概述

数据采集是逆向建模的首要环节,所采集数据的精度、完整性对逆向建模有重要影响。数据采集设备的扫描方法按是否与被测物体接触分为接触式扫描和非接触式扫描两种。Geomagic Studio针对不同扫描方法提供了不同的数据采集功能,能够满足不同扫描方法获取优质数据的要求。

Geomagic Studio 数据采集模块有设备、对齐、采集、测量、选项五个操作组。设备操作组能判定扫描仪、控制器和电脑是否正确连接,从而实现扫描仪与 Geomagic Studio 软件的数据交换;对齐操作组用于调整扫描仪的外部环境,可实现对坐标系的调整、校准不同温度下扫描仪的扫描误差等;采集操作组用于对被测物体进行扫描,可进行激光扫描和硬测采集(即用接触式测头进行采集);测量操作组主要针对无法直接采集的特征数据,如特征间的距离、角度等进行测量,保证被测物体的数据完整;选项操作是对扫描仪和软件的相关参数进行设置,保证获取较高精度的数据。

3.2 数据采集阶段的主要操作命令

数据采集阶段分为"设备""对齐""采集""测量""选项"五个操作组,如图 3-1 所示。

图 3-1　数据采集阶段操作工具界面

1. "设备"操作组

"设备"操作组包括"连接" 操作,连接是判断扫描仪、控制器、电脑是否正确连接,保证扫描仪与 Geomagic Studio 能正常进行数据交换。

2. "对齐"操作组

"对齐"操作组操作界面如图 3-2 所示,所包含的操作工具有:

图 3-2　"对齐"操作组界面

（1）"管理坐标转换"　：可以查看、编辑扫描数据和扫描仪的坐标。

（2）"温度补偿"　：设定特定的零件材料和当前环境温度，对测量的硬测数据和扫描数据进行校正。可以选择摄氏度和华氏度两种温度单位，当指定所选材料的温度时，默认情况下，温度设置为 68 华氏度。

（3）"快速对齐"　：可以创建三个指定的约束为参考进行对齐。

（4）"原点到全局"　：硬测头探测被测物体上的三个相互垂直的平面，三个平面的交点即为新坐标系原点。其中 x、y、z 轴分别位于不同平面，从而确定新坐标系，并将其与全局坐标系对齐。

（5）"移动设备"　：可以将当前扫描仪的工作坐标系与软件中的数据模型坐标系对齐。

3. "采集"操作组

"采集"操作组操作界面如图 3-3 所示，所包含的操作工具有：

图 3-3　"采集"操作组界面

（1）"扫描"　：用于选择扫描类型并执行开始扫描操作。开始扫描后，可直接将扫描数据储存到模型管理器中。

（2）"硬测点"　：用于接触式扫描。按测头探测模式不同，有单点、时间、距离三种不同硬测模式。

（3）"硬测截面"　：在硬测头采集点的位置使用截面进行特征采集。此命令同时也能将每个截面上的点拟合成曲线，其中有对齐平面、多重截面、点对象、获取点曲线拟合、显示等选项。

（4）硬测特征：在特征类型中选定特征，通过硬测头单点接触，快速创建被测物体特征。包括平面、圆柱体、圆、直线、点、圆锥体、约束圆柱、圆柱上下平面、约束圆锥、螺栓分布圆、单点圆、球体、椭圆槽、矩形槽、圆形槽、曲面点、最低点、最高点、点目标特征。

"平面"　：通过测量三个点来获得平面特征。

"圆柱体"　：通过测量六个点来获得圆柱特征。

"圆" ○：通过在平面上测量三个点来获得圆特征。

"直线" ╱：通过在平面上测量两个点来获得直线特征。

"点" ⠐：通过测量一个点来获得点特征。

"圆锥体" ◭：通过测量七个点来获得圆锥特征。

"约束圆柱" ♨：通过测量三个点或者先选择一个已存在的平面然后测量六个点来进行圆柱约束。

"圆柱上下面" ♨：在底部平面上测量三个点来获得圆柱上下面。

"约束圆锥" ♨：通过测量三个点或者先选择一个已存在的平面然后测量七个点来进行圆锥约束。

"螺栓分布圆" ✿：通过测量三个点或者先选择一个已存在的平面然后在一个槽或圆上测量三个点来进行螺栓分布圆。

"单点圆" ▣：通过测量三个点或者先选择一个已存在的平面然后放置硬测头在孔中并测量一个点来获得单点圆。

"球体" ●：通过测量四个点来获得球体特征。

"椭圆槽" ⬭：通过测量三个点或者先选择一个已存在的平面然后在圆上测量三个点来获得椭圆槽特征。

"矩形槽" ▭：通过测量三个点或者先选择一个已存在的平面然后在直线上测量两个点来获得矩形槽特征。

"圆形槽" ▭：通过测量三个点或者先选择一个已存在的平面然后在圆上测量三个点来获得圆形槽特征。

"曲面点" ◢：通过测量三个点或者先选择一个已存在的平面然后再测量一个点来获得曲面点。

"最低点" ≍：通过测量平面上三个点或者先选择一个已存在的平面然后再测量三个点来获得最低点。

"最高点" ≏：通过测量平面上三个点或者先选择一个已存在的平面然后再测量三个点来获得最高点。

"点目标" ❀：通过测量平面上三个点或者先选择一个已存在的平面然后再测量一个点来获得点目标。

4. "测量"操作组

"测量"操作组操作界面如图 3-4 所示。

测量特征：使用硬测头对被测物体中不同特征之间的距

图 3-4　"测量"操作组界面

离进行测量。

"两圆距离" ：通过在平面上探测三个点确定一个平面或者选择一个已经存在的平面，然后探测三个点确定一个圆，再探测另外三个点确定另外一个圆，则可以获得两圆之间的距离。

"两点距离" ：通过探测点来获取几个点，然后可以选择已获取的点中的任何两个点来获取它们之间的距离。

"平面到点距离" ：通过在平面上探测三个点确定一个平面或者选择一个已经存在的平面，然后再探测一个点来获得所测点到已确定平面的距离。

"两平面距离" ：通过在平面上探测三个点确定一个平面或者选择一个已经存在的平面，然后再选择一个已存在的平面或者探测三个点来确定另外一个平面，则可以得到两个平面之间的距离。

"两平面夹角" ：通过在平面上探测三个点确定一个平面或者选择一个已经存在的平面，然后再选择一个已存在的平面或者探测三个点来确定另外一个平面，则可以得到两个平面之间的夹角。

"点到直线的距离" ：通过在探测点来获取点，然后再探测两个点确定一条线。则可以获得点到直线的距离。

"两直线夹角" ：通过在平面上探测三个点确定一个平面或者选择一个已经存在的平面，然后再该平面上探测两点确定一条直线，再探测两点确定另外一条直线，则可以得到两直线之间的夹角。

"平面与直线夹角" ：通过在平面上探测三个点确定一个平面或者选择一个已经存在的平面，然后在确定另外一个平面并在该平面上探测两个点来获取一条直线，则可以获得所测直线与平面之间的夹角。

"平面到点最小距离" ：通过在平面上探测三个点确定一个平面或者选择一个已经存在的平面，然后再探测三个点，则可以获得平面到所测三个点中的最小距离。

"平面到点最大距离" ：通过在平面上探测三个点确定一个平面或者选择一个已经存在的平面，然后再探测三个点，则可以获得平面到所测三个点中的最大距离。

"两单点圆距离" ：通过在孔中探测三个点确定一个平面或者选择一个已经存在的平面，然后在孔中探测一个点获得一个单点圆，再在该孔中获得另一个单点圆则可获得两单点圆之间的距离。

5. "选项"操作组

"选项"操作组操作界面如图3-5所示，所包含的操作工具有：

（1）"插件选项 "：提供当前扫描仪的配置设置和选项。

（2）"重新使用投影平面 "：在探测时重新定义投影平面，可将

图3-5　"选项"操作
组界面

探测数据投影到不同平面。

　　(3)"显示" ：用于控制坐标系，有两个坐标系选项：①设备坐标系，显示当前的扫描坐标系；②全局坐标轴，显示全局坐标系。

　　(4)"声控命令" ：配合电脑上内置的声音识别系统使用，可激活硬测特征和测量特征命令。

3.3　Geomagic Studio 数据采集阶段应用实例

　　采集阶段可通过硬测采集和激光采集来获得点云数据。其中，硬测采集可通过单点采集模式，采集被测物体上相应特征(例如：平面、直线、圆柱等)的若干点，然后提取出对应特征，该采集方法适用于规则特征物体，以及对部分特征尺寸的测量；激光采集是通过激光三角法原理对被测物体进行激光扫描，适用于对非规则形状物体的整体扫描。

　　本节通过实例来讲解激光采集和硬测采集获取点云数据的操作流程及注意事项。

3.3.1　激光采集实例

　　目标：通过使用关节臂测量系统来对规则几何体表面进行激光扫描，获取被测物体的表面点云数据，并进行预处理，得到一个或一组能满足逆向建模要求的点云数据模型。

　　本实例注意有以下几个步骤：

　　(1) 放置规则几何体；

　　(2) 激活关节臂，并将其与 Geomagic Studio 软件连接；

　　(3) 对被测物体进行激光扫描，获取点云数据模型；

　　(4) 对数据模型进行预处理并保存；

　　(5) 安全关机。

1. 放置被测物体

将规则几何体放置在扫描平台上，如图 3-6 所示。

图 3-6　规则几何体原型

提示：因关节臂置于扫描平台上，且关节臂相对于扫描平台位置固定，如关节臂发生移动，需重新进行坐标校准。所以，使用关节臂进行扫描时，被测物体应置于扫描平台上关节臂扫描范围内，而后进行扫描。

2. 激活关节臂，并将其与 Geomagic Studio 软件连接

将关节臂、电脑和控制器之间连接线依次接好，打开仪器开关。然后双击电脑桌面上 Scanworks 软件，弹出 Scanworks 界面，显示当前关节臂各自由度激活状态，如图 3-7 所示。

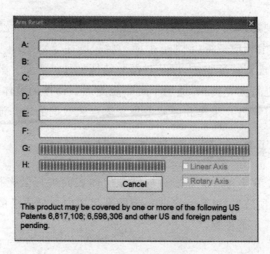

图 3-7　Scanworks 界面

提示：如图 3-7 所示，A、B、C、D、E、F、G 和 H 分别代表关节臂各关节处自由度，当绿色条纹填充状态显示框后，代表该自由度激活，反之，操作人员应当转动关节臂对应关节，激活其自由度。

将关节臂解锁，转动各关节臂，激活各关节处的自由度，此时 Scanworks 界面如图 3-8 所示。

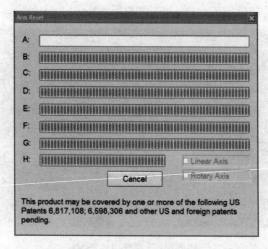

图 3-8　自由度激活后的变化

提示：激活自由度过程中有些方向的自由度不方便找到，需反复旋转各个关节的自由度方向直至所有方向的自由度都激活。

继续转动 A 自由度所对应关节，将各自由度激活，然后将关节臂放回原位并锁紧。各自由度全部激活后，Scanworks 界面如图 3-9 所示。

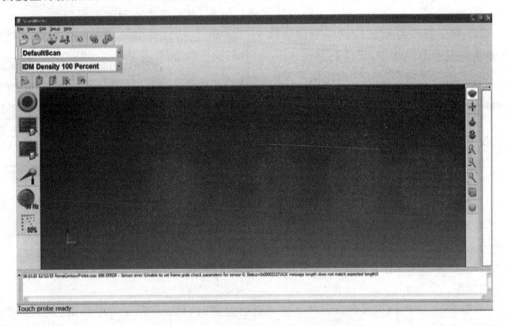

图 3-9　激活关节臂后 Scanworks 界面

提示：Geomagic Studio 不能直接获取关节臂采集数据，需以 Scanworks 软件为媒介，将关节臂采集数据输入到 Geomagic Studio 中。因此，使用 Geomagic Studio 采集功能扫描被测物体时，务必将 Scanworks 软件保持为打开状态。

3. 数据采集

打开 Geomagic Studio 软件，然后选择"采集"→"扫描"命令，显示"采集"对话框如图 3-10 所示。

"采集"对话框操作说明如下：

Geomagic Studio 软件提供了两种采集方式："硬测采集" 和"激光采集" 。为方便将不同采集方式获取的采集数据进行对齐，采集对话框还提供了"硬件对齐" 、"特征和基准" 两种对齐操作。

图 3-10　"采集"对话框

1)"硬件对齐"操作

"硬件对齐"用于扫描仪在世界坐标系的对齐。如对同一被测物体分别进行硬测采集和激光采集，为防止因第一次扫描时扫描仪移动，可在第二次扫描时先进行硬件对齐。

2)"特征和基准"对齐操作

"特征和基准"使用硬测采集拟合出特征基准（包括：点、线、平面、圆形等）。当被测物体需要多次采集时，采集被测物体的特征基准，作为后续数据对齐的参考使用。

3)"硬测采集"方式

"硬测采集"使用硬测头与被测物体接触,获取接触点的三维坐标信息,包括:按时间采集、按距离采集和单点采集三种采集模式。

4)"激光采集"方式

"激光采集"应用激光三角法对被测物体进行激光扫描,获取点云数据模型。

显示单位用于对点云数据的距离单位进行设置,包括:英寸、毫米、英尺、厘米、米、千米、微米。显示单位越小,采集的点数越多。

单击"激光采集"命令,弹出对话框如图3-11所示。

(1)"扫描仪控件"用于对扫描仪的相关参数进行设置。包括:"侧头配置文件" 、"扫描仪配置文件" 、"扫描仪校准" 和"自动曝光" 。

"侧头配置文件":显示侧头名称及相关参数。

"扫描仪配置文件":显示扫描仪名称及相关参数。

"扫描仪校准":对扫描仪的扫描头进行位置校准。

"自动曝光":调整激光扫描时曝光对扫描结果的影响。

(2)"对象选项"用于设置扫描所获点云数据的格式、存储位置等。

图 3-11 "激光采集"对话框

"数据格式":对扫描所获点云数据格式进行设置,包括:只用于有序数据、仅原始数据(无序点云数据)、有序和原始数据三种模式。

"存储数据在":将扫描所获点云数据保存为一个新目标或新组。

名称:设置扫描所获点云数据名称。

(3)"扫描选项"用于设置扫描过程中是否应用相关功能选项。

"自动调整尺寸":选中后可自动调节扫描过程中各点间相互的距离尺寸大小。

"虚拟照相机":选中后可启用扫描仪的虚拟照相功能,使点云数据具有与被测物体对应的颜色信息。

"高亮扫描通过":选中后将不捕获被测物体高度反光处点云数据。

"启用剪切平面":选中后将删除指定平面外的点云数据。

"开始捕获" :扫描仪与软件接通,可在图形显示区显示所获点云数据等信息。

(4)"高级选项"是对扫描过程中的其他相关操作进行设置,包括:删除重叠、删除体外孤点、点云着色等操作。

单击"开始捕获"命令后,使用关节臂对规则几何体进行激光扫描,扫描过程中,在图形显示区域会显示当前所捕获的点云数据,如图3-12所示。

提示:在扫描过程中,操作人员可在图形显示区对当前所获点云数据模型进行观察,有利于及时对未扫描区域进行扫描,同时还可以在图形显示区观察扫描仪扫描状态栏,便于操作人员直观了解扫描仪扫描状态。当绿色填充到状态栏中间位置时,表明扫描仪处于最佳扫描状态;当绿色填充到状态栏最下面时,表明扫描仪距离被测物体过近,应当将距离变远;反之,应当将距离变近。

将扫描仪暂停捕获,获得扫描后点云数据,如图3-13所示。

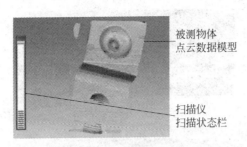

被测物体
点云数据模型

扫描仪
扫描状态栏

图 3-12 扫描规则几何体

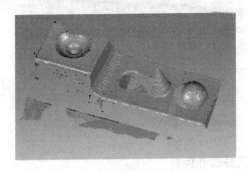

图 3-13 第一次扫描点云数据

提示： 如图 3-12 所示，当前对模型扫描所获点云数据不完全，不能满足逆向建模要求，需继续进行扫描。Geomagic Stuido 软件提供了多次连续扫描功能，操作人员可根据扫描需要对被测物体进行多次、连续扫描，直至获取完整点云数据模型。

再次单击"开始捕获"命令，对模型进行扫描，获取当前被测物体放置位置处可获取的完整点云数据模型，如图 3-14 所示。

模型点
云数据

多余点

图 3-14 完整点云数据模型

提示： 在使用关节臂进行扫描过程中，应注意不允许被测物体移动。如图 3-6 所示，因被测物体放置原因，导致被测物体与平台接触面无法进行数据采集，所以需要重新调整被测物体摆放位置，进行再次扫描。

退出扫描界面，保存第一组数据，调整被测物体与平台接触平面，如图 3-15 所示。

单击"开始捕获"命令，继续对被测物体进行扫描，获取新的点云数据，如图 3-16 所示。

提示： 第二次扫描是在第一次扫描数据基础上进行的，因此第一、第二次扫描所得点云数据为一组数据，单独进行第三次扫描，所以第三次扫描所得点云数据为一组数据。将两组数据进行对齐处理可以得到被测物体的点云模型。

图 3-15　新摆放位置

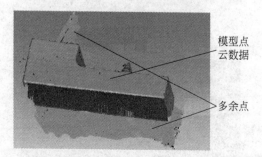

图 3-16　新点云数据

4. 对点云数据进行预处理并保存

如图 3-14 和图 3-16 所示,扫描所得点云数据除模型点云数据外,还存在大量多余点,为保证多余点对后续建模不产生影响,通过选择点云工具选择多余点,并将其删除,得如图 3-17 所示处理后点云数据模型。

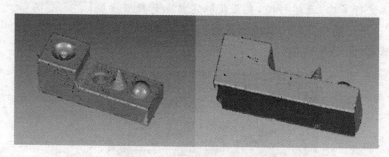

图 3-17　处理后点云数据模型

提示:对被测物体进行激光采集时,不可避免地采集到与模型无关的多余点,为避免其对后续建模产生影响,应通过选择点云工具将其选择后删除。

选中模型管理器中三次扫描点云数据,单击鼠标右键,如图 3-18 所示,保存处理后的点云数据模型。

5. 退出 Geomagic Studio 软件,安全关机

点云数据保存完毕,先关闭 Geomagic Studio 软件,然后打开扫描仪安全关机软件 Power Control 进行安全关机。

图 3-18　点云数据保存

3.3.2　硬测采集实例

目标：通过使用关节臂测量系统来对被测物体表面特征进行硬测采集，获取被测物体表面各特征，并进行预处理，最后逆向创建出被测物体特征模型。

本实例注意有以下几个步骤：

（1）固定规则几何体；

（2）激活关节臂，并将其与 Geomagic Studio 软件连接；

（3）对被测物体进行硬测采集，获取特征数据模型；

（4）对特征数据模型进行预处理创建特征模型；

（5）安全关机。

1. 固定被测物体

将规则几何体通过固定专用磁铁固定于平台上，如图 3-19 所示。

提示：硬测采集属于接触式采集方法，为避免采集时硬测头与被测物体接触产生位移，在采集前需对被测物体进行固定，以保证所测各特征精度。激光采集属于

图 3-19　固定后规则几何体

非接触式采集方法，采集过程中，激光扫描头不与被测物体接触，因此，被测物体不需要固定。

2. 激活关节臂

将关节臂、电脑和控制器之间连接线依次接好，打开仪器开关。双击电脑桌面上 Scanworks 软件，然后将关节臂解锁，转动关节臂各关节，激活各关节处的自由度。各自由度激活后，将关节臂放回原位并锁紧，完成关节臂的激活。

图 3-20　"硬测特征"

3. 数据采集

打开 Geomagic Studio 软件，在菜单栏中选择"采集"，显示"采集"对话框如图 3-1 所示。

单击"采集"→"下拉箭头" ，获得对被测物体进行硬测采集的各特征类型，如图 3-20 所示。

提示：该被测物体使用"平面"、"圆柱体"、"圆锥体"、"球体"四种硬测采集特征类型即可表达被测物体。

单击"平面"，在图形显示区域显示平面特征测量界面，如图 3-21 所示。

提示：由图 3-21 可知，对平面特征进行提取时，需要使用硬测头在被测物体对应平面处选择三个点，为使获取平面更加准确，所选择的三个点应保证不共

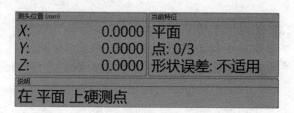

图 3-21　平面测量界面

线,且所选点处的被测物体应不具有较大形变。

　　使用关节臂硬测头在被测平面处选择三个不共线点,提取被测平面特征,如图 3-22 所示。

图 3-22　提取平面特征

依次提取规则几何体各平面特征,如图 3-23 所示。

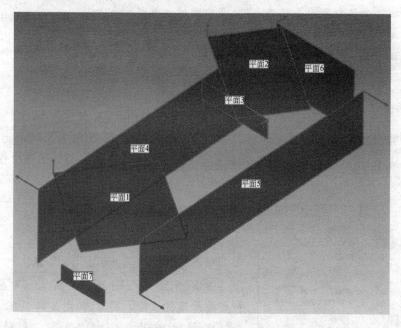

图 3-23　各平面特征

　　提示:规则几何体底部也是平面,因其与平台接触,无法进行硬测采集。平台在制造过程中难免出现加工误差,不能保证其为水平面,如直接提取平台为底部平面,会增加建模误差,因此,待所有特征采集完后,通过测量特征对底部平面特征进行提取。

　　单击"球体",对规则几何体球体特征进行采集,如图 3-24 所示。

　　提示:如图 3-24 所示,对球体特征进行硬测采集时需要通过采集四个点来提取球体特征,因此,操作人员在进行硬测特征采集时,一定要注意所测特征需采集点数,保证各特征能准确提取。

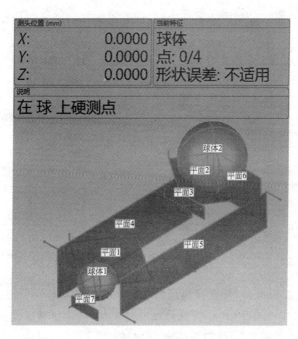

图 3-24 球体特征

单击"圆锥体",采集规则几何体上圆锥特征,如图 3-25 所示。

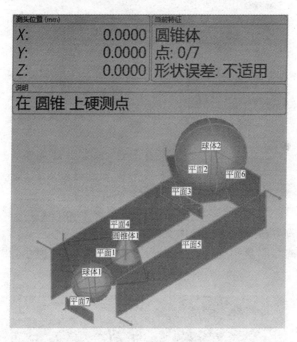

图 3-25 圆锥特征

提示:对圆锥特征进行采集时,需要采集七个点,为保证圆锥特征能被完整提取,应尽可能将圆锥底部圆形以及顶端尖角点采集到,如采集后的圆锥形状不准确,也可通过特征编辑进行修改。

单击"圆柱上下平面",采集凹槽圆柱特征,获取规则几何体全部特征,如图3-26所示。

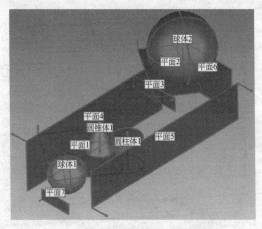

图 3-26　被测物体各特征

提示：因圆柱特征为凹槽,如直接通过"圆柱体"提取圆柱特征,所获圆柱槽深将无法保证,因此通过"圆柱上下平面"对凹槽圆柱特征进行采集,保证凹槽深度。

单击"测量"→"下拉箭头",获得对规则几何体进行硬测测量的各特征类型,如图3-27所示。

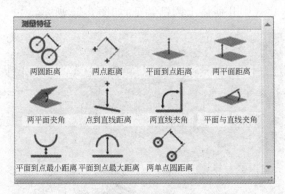

图 3-27　"测量特征"

提示：如图3-27所示,对"硬测特征"采集不易提取的特征,可以通过"测量特征"获取各特征间位置关系,为后期逆向建模提供参考依据。

单击"两平面距离",测量平面1与平台间距离,如图3-28所示,得到两平面间距离为23.4304mm。

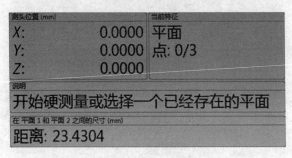

图 3-28　两平面距离

提示：如图 3-28 所示，通过对两平面各取 3 个点后，在图形显示区域将自动显示两平面间距离，在逆向建模过程中，可通过将平面 1 偏移对应距离后，生成规则几何体底部平面。

4. 对特征数据模型进行预处理并创建特征模型

将规则几何体各特征数据模型保存，然后切换到"特征模块"对各特征进行定义，并通过"参数交换"命令将特征数据输出至 SolidWorks 中进行编辑，创建特征模型，如图 3-29 所示。

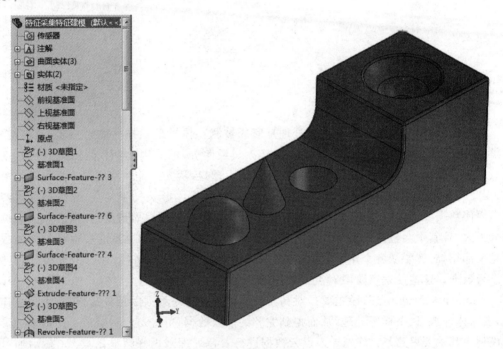

图 3-29　特征模型

提示：硬测采集方式所获特征数据模型可使用"特征模块"中的"参数交换"命令，直接将各特征数据输出至 SolidWorks 等正向软件中，形成实体、曲面或草图，设计人员可在正向软件中对输入数据进行编辑，从而创建参数化模型。

5. 退出 Geomagic Studio 软件，安全关机

点云数据保存完毕后，先关闭 Geomagic Studio 软件，然后打开扫描仪安全关机软件 Power Control 进行安全关机。

第4章

Geomagic Studio点阶段处理

4.1 点对象处理概述

在逆向工程中,对点云数据的预处理是完成被测物体模型扫描后的第一步。在数据的采集中,由于随机(环境因素等)或人为(工作人员经验等)的原因,会引起数据的误差,使点云数据包含噪音,造成被测物体模型重构曲面的不理想,从光顺性和精度等方面影响建模质量,因此需在三维模型重建前去除多余的点;由于被测物体形状过于复杂,导致扫描时产生死角而使数据缺损,这时就要对扫描数据进行修补;为了提高扫描精度,扫描的点云数据可能会很大,且其中会包括大量的冗余数据,应对数据进行精简;如果不能一次将物体的数据信息全部扫描,就要从各个角度进行多次扫描,再对数据点进行拼接,以形成完整的物体表面点云数据。这些便是点阶段对点云数据的处理过程。

Geomagic Studio 点阶段主要是对初始扫描数据进行一系列的预处理,包括去除非连接项、去除体外孤点、采样等处理,从而得到完整的点云数据,可进一步封装成可用的多边形数据模型。其主要思路是:首先导入点云数据进行着色处理来更好地显示点云;然后通过去除非连接项和体外孤点、采样、封装等技术操作,得到高质量的点云或多边形对象。

4.2 点对象处理的主要操作命令

点数据处理的主要操作命令在菜单"点"下,有"采样""修补""联合""封装"四个工具栏,如图 4-1 所示。

图 4-1 点操作工具栏

1. "采样"工具栏

"采样"是在不移动任何点的情况下减少点的密度,分为"统一"采样、"曲率"采样、"格栅"采样、"随机"采样四种采样方法。

（1）"统一采样" ：按照指定距离的方式对点云数据进行采样，是最常用的采样方法，同时可以指定模型曲率的保持程度。

（2）"曲率采样" ：按照设定的百分比减少点云数据，同时可以保持点云曲率明显部分的形状。

（3）"格栅采样" ：用于对导入的点云按照点与点的距离进行等距采样，适合于散乱无序的点云数据。

（4）"随机采样" ：用随机的方法对点云进行采样，适用于模型特征比较简单、规则的无序点云数据。

2. "修补工具"栏

对点云数据按照一定的方式进行精减。

（1）"修剪" ：从对象中删除已选点之外的所有点。

（2）"删除" ：从对象中删除所有选择点。

（3）"选择非连接项" ：删除偏离主点云的点集或孤岛。

（4）"选择体外孤点" ：进行体外孤点的选择和删除。体外孤点是指模型中偏离主点云距离比较大的点云数据，通常是由于扫描过程中不可避免地扫描到背景物体，如桌面、墙、支撑结构等物体，必须删除。

（5）"减少噪音点" ：减少在扫描过程中产生的噪音点数据，所谓的噪音点是指模型表面粗糙的，非均匀的外表点云，扫描过程中由于扫描仪器轻微的抖动等原因产生。减噪处理可以使数据平滑，降低模型噪音点的偏差值，在后来封装的时候能够使点云数据统一排布，更好地表现真实的物体形状。

（6）"着色点" ：点云着色，是为了更加清晰、方便地观察点云的形状。

在"着色"下拉菜单里面还有一个法线命令，该命令分为修复法线和删除法线两个操作命令，是处理无序的点对象，使其产生所需的法线。

修复法线：该命令对无序的点对象进行处理，使其产生法线、翻转法线、移除不必要的法线。

删除法线：该命令可以删除裸露在点云之外没有用处的法线。

（7）"按距离过滤" ：通过用户自定义的间距位置，来选择在距离之内或之外的数据，比如，通过坐标系的原点。

3. "联合工具"栏

对同一模型的多个扫描数据合并成一个扫描数据或者一个多边形模型。

（1）"联合点对象" ：将多次扫描数据对象合并成一个点对象，同时在模型管理器中出现一个合并的点。

（2）"合并" ：用于合并两个或两个以上的点云数据为一个整体，并且自动执行点云减噪、统一采样封装、生成可视化的多边形模型，多用于注册完毕之后的多块点云之间的合并。

提示："联合点对象"与"合并"的区别在于前者对点云数据处理后仍为点云数据，后者对点云数据处理后就成了多边形数据,通俗地说"联合点对象"+"封装"="合并"。

4."封装工具"栏

此栏主要是把点云数据转换为多边形模型。

"封装" ▓ :将围绕点云进行封装计算,使点云数据转换为多边形模型。

4.3　Geomagic Studio 点对象处理应用实例

扫描设备采集的点云数据,一般是大量冗余数据且存在噪音点,通过去除非连接项和体外孤点,将扫描仪采集到的不必要的点清理掉;采用统一采样降低点云的密度,清理干净的点云,通过封装操作得到高质量的多边形对象。以下通过实例对 Geomagic Studio 点对象处理的相关命令进行介绍。

目标:把点云数据转变为高质量的多边形对象,提高和优化点云对象以便接下来的建模处理。在实例中主要对点对象处理的基本命令进行介绍,介绍载体为一个轮胎点云,通过点对象处理操作,得到一个高质量的多边形对象。

本实例需要运用的主要命令:

(1)"点"→"着色"→"着色点"

(2)"点"→"选择"→"非连接项"

(3)"点"→"选择"→"体外孤点"

(4)"点"→"减少噪音"

(5)"点"→"统一采样"

(6)"点"→"封装"

本实例主要有以下几个步骤:

(1)从原始点云分离出有用点云,去除无用冗余杂点;

(2)在保证整体外形特征前提下通过采样处理减少点云密度;

(3)封装出高质量的多边形对象。

1. 打开附带光盘中"luntai. wrp"文件

启动 Geomagic Studio 软件,单击软件左上角的 Geomagic Studio 按钮,在下拉菜单里面单击"打开"按钮 ▓ 或单击快速访问工具栏上的"打开"图标按钮,系统弹出"打开文件"对话框,查找光盘点云数据文件夹并选中"luntai. wrp"文件,然后单击"打开"按钮,在图形区域单击右键,在右键菜单下选择"适合视图",出现如图 4-2 所示结果。同时在图形区域单击右键,选择"用户定义视图",单击"保存",这样就保存了模型的视图方向。生成检测报告时会默认打印该视图方向的模型。

提示:①通过按住鼠标中键或按压 Ctrl+鼠标右键旋转点云视图;②通过推动滚轮来改变视图的大小;③通过按住 Alt+鼠标右键来移动视图位置;④工作区左下角有点云数据量的显示,可以查看点云的大小;⑤单击"导航"工具栏上"适合视图"图标 ▓ 来拟合对象视图大小到目前视图框中,也可以用 Ctrl+D 来快速执行这个功能;⑥"用户定义视图"能够保存任何视图方向,然后通过右键菜单"用户定义视图"快速还原到所保存的视图。

2. 将点云着色

为了更加清晰、方便地观察点云的形状,将点云着色。

选择菜单栏"点"→"着色"→"着色点",着色后的视图如图 4-3 所示。

图 4-2　"luntai"点云数据

图 4-3　点云着色

点云着色后以哪种颜色显示在软件里面是可以设置的。选择"视图"→"颜色",在弹出的"编辑对象颜色"对话框里面,可以输入 0~16 任何一个数字,每个数字代表一种颜色,如图 4-4 所示。

3. 选择非连接项

选择工具栏中"点"→"选择"→"非连接项",在管理器面板中弹出如图 4-5 所示的"选择非连接项"对话框。在"分隔"的下拉列表框中选择"低"分隔方式,这

图 4-4　"编辑颜色"对话框

样系统会选择在拐角处离主点云很近但不属于它们一部分的点。"尺寸"按默认值 5.0,单击上方的"确定" 确定 按钮。点云中的非连接项被选中,并呈现红色,如图 4-6 所示。

图 4-5　"选择非连接项"对话框

图 4-6　待删除的非连接项红色点

图 4-5"选择非连接项"对话框中的选项说明如下：

"分隔"：控制孤岛点云与主点云之间的距离，它分为低、中间、高三个参数，设置为"低"表示以最小的空间距离选择更多的孤岛点云，设置为"中间"和"高"将随着空间距离的增加选择更少的点云。通常选择为低选项。

"尺寸"：该值为所选点云与整个点云的百分比。例如设置为 5.0 即表示所要选的点云数量是点云总量的 5%或更少，并分离这些点集。

4. 删除非连接点云

选择工具栏中"点"→"删除点"或者单击工具栏里面的"删除" ✖ 按钮，也可以按键盘上的 Delete 键删除选中的点。

5. 去除体外孤点

选择菜单"点"→"选择"→"体外孤点"，在管理器面板中弹出如图 4-7 所示的"选择体外孤点"对话框，设置"敏感度"的值为 85，也可以通过单击右侧的两个三角号增加或减小"敏感性"的值，单击"应用" 应用 按钮。此时体外孤点被选中，呈现红色，如图 4-8 所示。选择菜单"点"→"删除"或单击工具栏中的"删除" 按钮，或者单击键盘上的 Delete 键来删除选中的点。

图 4-7　"选择体外孤点"对话框

图 4-8　待删除的体外孤点

图 4-7"选择体外孤点"对话框中的选项说明如下：

"敏感度"：探测体外孤点时的敏感程度，取值越大，选择的体外孤点越多。

提示：①"选择体外孤点"和"删除点"命令会经常按顺序使用，可以把它们做成一个宏命令。②多次使用同样的敏感性来运行选择体外孤点命令，都会计算邻近数据，并且越来越少的体外孤点被选中。没有必要一次把所有的体外孤点都清除，比较好的方法是多次运行去除体外孤点命令来获得较好的点云数据。③点云中有明显的多余的点云数据，即有明显的"非连接项"，或者在对象中找到仍然存在边缘不好的点，可以通过手动删除，方法是：单击图形窗口右侧面板工具栏中的图标 ▦ ◕ ✕ ⚡ ⬡ ⬚ ◨（分别为"矩形选择工具""椭圆选择工具""直线选择工具""画笔选择工具""套索选择工具""多义选择工具""自定义区域选择工具"）中的任意一个，框选将要删除的那部分点云，然后单击"删除"按钮删除。④在使用选择工具时，选错点云数据，可以按 Ctrl＋左键取消选择。

6. 减少噪音

选择菜单"点"→"减少噪音"或单击工具栏中的"减少噪音" ▨ 按钮,在管理器模板中弹出如图4-9所示的"减少噪音"对话框。

选择"自由曲面形状","平滑度水平"滑标到无,"迭代"为2,"偏差限制"为0.1mm。

选中"预览"选框,定义"预览点"为3000,这代表被封装和预览的点数量。取消选中"采样"选项。

用鼠标在模型上选择一小块区域来预览,预览效果如图4-10所示。

左右移动"平滑度水平"项中的滑标,同时观察预览区域的图像有何变化。图4-11和图4-12分别是平滑级别最小和最大的预览效果。

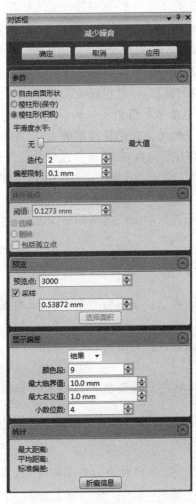

图4-9　"减少噪音"对话框

图4-10　小块区域预览

图4-11　平滑级别最小

图4-9"减少噪音"对话框中部分选项说明如下:

(1)"参数"栏:这里面有三个选择菜单和一个平滑级别滑块,一般根据载体的实际形状特征来选取参数形状,并选择平滑级别。

图 4-12　平滑级别最大

"自由曲面形状"：适用于以自由曲面为主的模型，选择这种方式可以减小噪音点对模型表面曲率的影响，是一种积极的减噪方式，但点的偏差会比较大。

"棱柱形（保守）"：适用于模型中有锐利边角的模型，可以使尖角特征得到很好的保持。

"棱柱形（积极）"：同样适用于模型中有锐利边角的模型，可以很好地保持尖角特征，是一种积极的减噪方式，相对于【棱柱形（保守）】的方式点的偏移值会小一些。

"平滑度水平"：根据实际模型对平滑度的要求，灵活地选择平滑级别的大小，平滑级别越大，处理后的点云数据越比较平直，但这样会使模型有些失真，一般选择比较低的设置。

"迭代"：迭代次数可以控制模型的平滑度，如果处理效果不理想，可以适当增加迭代次数。

"偏差限制"：设置对噪音点进行的最大偏移值，偏差限制值根据实际情况而定，也可由经验设定，一般设在 0.5mm 以内。

（2）"体外孤点"栏：控制点云对象中的体外孤点，可以根据设定的阈值来选择删除体外孤点。

"阈值"：设定系统探测孤点时选择孤点的极限值，可以根据模型的形状，以及数据扫描的具体情况来定。

"选择"：单击此按钮系统将根据所设定的阈值，通过计算得出模型中在阈值中的点，并以红色加亮显示。

"删除"：当系统选中孤点并以红色加亮显示时，单击此按钮就可以将所选择的孤点删除。

"包括孤立点"：选择此复选框，系统在查找体外孤点时就会把点云中孤立的点也选择在内。

（3）"预览"栏：可以在选定面积中预览选择以上一些参数时点云的实际变化，有利于参数值的选择。

"预览点"：该数值框用于确定预览区域的点的数量，可以根据具体情况而定，决定于点云的密度（单位面积点的数目）及所想预览区域的大小。

"采样"：确定所要的预览点的采样距离。

"选择面积"：可以选择模型上不同的区域来预览模型的局部变化，单击模型相应区域来选择。

（4）"显示偏差"栏：用不同的颜色段来显示选择以上参数后点云的偏差。

"结果"：显示减噪后结果的偏差色谱。

"颜色段"：确定偏差显示的颜色段的个数。

"最大临界值"：设定色谱所能显示偏差的最大值。

"最大名义值"：设定色谱显示为绿色时候偏差的最大值。

"小数位数"：确定偏差值的小数位数。

（5）"统计"栏：用于统一显示偏差信息的编辑框。

"最大距离"：噪音点的最大偏差距离。

"平均距离"：噪音点的平均偏差距离。

"标准偏差"：模型点云偏移的标准偏差值。

7. 统一采样

选择工具栏中"点"→"采样"→"统一采样"，在模型管理器中弹出如图 4-13 所示的对话框。在输入栏中单击"绝对"选项，定义"间距"为 0.6mm，在"优化"栏中把曲率优先的滑块设置到 5，选中"保持边界"的选择框。单击"应用"按钮，系统开始采样，单击"确定"按钮，退出对话框，完成统一采样如图 4-14 所示。

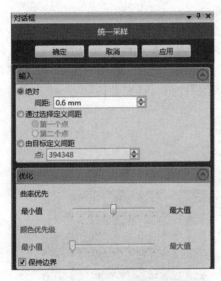

图 4-13 　"统一采样"对话框

图 4-14 　统一采样

图 4-13"统一采样"对话框中主要选项说明如下：

（1）"输入"栏：确定距离采样的方法，分为"绝对""通过选择定义间距""由目标定义间距"三种采样方法。

"绝对"：系统分析点对象得到默认间距，再根据间距值采样，间距值也可以根据需要进行编辑。

"通过选择定义间距"：在点云中选择第一点，再选择第二点，系统通过这两点间的距离进行采样。

"由目标定义间距"：系统根据输入采样点的数量来分析点对象并自动找出最佳的采样

距离,采样后的点的数量就是输入的目标值。

(2)"优化"栏:用于在采样的同时优化点云的质量,即确定在何种程度上保持模型的曲率。

"曲率优先":控制高曲率区域点的数量,曲率优先值越大,高曲率区域点的密度越大,所以根据扫描点云多次尝试调整曲率优先值,找出适合扫描点云的选项设置。

"保持边界":选中此选择框,点云边界将增加双倍的点数,保持模型边界的完整和形状不失真,建议优化时选择此复选框,它对模型的特征保持比较好。

提示:①统一采样是在保持模型精确度的基础上减少点云数据量,减少点云数据可以使数据的运算速度更快,提高运算效率。②默认的绝对采样方法是将整个点对象减少45%~65%的点数据。③曲率优先控制高曲率区域点的数据,0 为一个真正的曲率采样。曲率优先值越大,高曲率区域点的采样点密度越大,所以曲率优先级别要调到适当的位置,不可直接调到最大值,以免采样过程中点云表面特征的丢失。④在保持精度的前提下获得最好效果的点对象,可以多次重复采样,使得低曲率的区域在封装后得到比较大的三角面片。⑤如果数据量过大(几百万或者几千万),或者在后来的封装阶段得不到理想的多边形,在载入点云的时候就可以进行一次"格栅采样",选择工具栏中的"点"→"采样"→"格栅采样",建议"等距采样"对话框中的"间距"一项按1mm。

8. 封装数据

选择工具栏中的"点"→"封装",弹出如图 4-15"封装"对话框,在"设置"栏中的"噪音降低"设置为"无",选中"保持原始数据"、"删除小组件"单选框,在"采样"栏中选中"最大三角形数"单选框,设置"最大三角形数"为 25 万。单击"确定"按钮。得到如图 4-16 所示的多边形封装效果图,同时原始点对象得到保留。

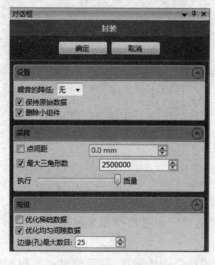

图 4-15 "封装"对话框

图 4-16 封装效果图

图 4-15"封装"对话框中部分选项说明如下:

(1)"设置"栏:控制封装的参数设置。

"噪音的降低":可以对减噪的参数值进行选择,有"无""最小值""中间""最大值"和"自动"五种方法,其中参数"自动"适合医学器官模型,参数"无"适合模具、机器、机械数据以及已经单独做过减少噪音的数据模型。

"保持原始数据":选中此选择框,系统将保留在对象模型管理器中的原始点云数据,否则原始点云数据将不予保留。

"删除小组件":在封装的过程中删除那些干扰主体多边形生成的小孤岛,一般都选中此选项。

(2)"采样"栏:对点云进行采样,分为"点间距"采样和"最大三角形数"采样。

"点间距":同统一采样中的绝对采样参数设置一样。

"最大三角形数":封装后多边形数量的临界值,当封装出来的多边形数量大于临界值,系统会自动把多边形简化到临界值。最大三角形数值设置的越大,封装之后的多边形网格越紧密。

"执行/质量":控制三角形的生成,默认在"质量"位置。

(3)"高级"栏:封装时对点云进行优化的设置。

"优化稀疏数据":封装过程中对不均匀的点进行优化,以得到更好质量的网格。

"优化均匀间隙数据":封装过程中对分布均匀的点进行优化,以得到更好的网格。

"边缘'孔'最大数目":设定孔的最大数目以便在封装过程中进行自动填补。

提示:由于封装是通过连接点来创建三角形面片,点阶段数据处理的质量决定封装的质量,所以在点阶段要仔细耐心地操作,如果发现问题应多重复几次。封装后的模型以多边形显示,放大视图可以看到模型的表面是由一个个极小的三角形组成的网格。

9. 保存文件

将该阶段的模型数据进行保存。单击工具栏上的"Geomagic Studio"图标按钮,选择"另存为",在弹出的对话框中选择合适的保存路径,命名为"luntai1",单击"保存"按钮。

4.4　Geomagic Studio 扫描数据拼接功能

4.4.1　扫描数据的拼接概述

由于物体表面很大或者很复杂,采集物体数据的过程中,扫描设备不能从一个方向和位置采集到物体表面的完整数据,因此需要从不同的方向和位置对物体进行多次分区扫描,从而得到物体各个局部数据。这就需要对各个局部扫描数据进行拼接,拼接时首先在两片数据点云上选择对应的点,当然这些点的选择不一定十分准确,大概位置相同即可,Geomagic Studio 软件根据两数据点云所反映的实物特征进行拼接,以得到物体完整的点云数据,并通过合并操作得到完整的数据模型。在实际操作过程中,操作者可以根据具体情况使用上述方法以达到最佳效果。

4.4.2　扫描数据的拼接的主要操作命令

"扫描拼接"的主要操作命令在菜单"对齐"下的"扫描拼接"工具栏中,有"手动注册""全局注册""探测球体目标""目标注册"和"清除目标"五个操作命令,如图 4-17 所示。

（1）"手动注册" ：在重合区域内定义公共特征点以允许用户创建两个或多个重合扫描数据的初始拼接。

（2）"全局注册" ：对两个或者多个初始拼接后的点对象或多边形对象进行精确拼接。

图 4-17　"扫描拼接"工具栏

（3）"探测球体目标" ：探测球体中心并创建用于"目标对齐"命令下的点特征。

（4）"目标注册" ：根据"探测球体目标"找到的点特征,对齐两个或多点或者多边形对象,在每个对象上至少需要三个目标。

（5）"清除目标" ：从对象中删除球形或圆柱形注册目标。

4.4.3　Geomagic Studio 扫描数据拼接实例

对于复杂的物体,扫描设备不能从一个方向和位置采集到物体表面的完整数据,需从不同视角采集多片点云数据,并且还要将这些局部点云数据拼合成在一个视角下的完整的物体。Geomagic Studio 软件提供了 1 点拼接和 n 点拼接两种算法。1 点拼接是通过调整两片局部点云数据,使其大致在一个视角下,然后选中它们重合部分的一个公共特征点来实现拼接；n 点拼接至少需要三个公共点,它基于空间中不在同一条直线上的三个点相匹配的原理来实现的。在使用手动注册命令拼接过程中,选中物体的两片局部点云数据,调整使其位姿一致,选中 n 个公共特征点来拼合两片局部点云数据,拼合完成后将这两片点云数据拟合成一个整体。如果还有第三片点云,打开它与已经拼合成一个整体的点云继续进行两两拼接,这样就可以将几片局部点云数据拼接成一个完整的数据模型。以下实例对 Geomagic Studio 扫描数据的拼接的相关命令进行介绍。

目标：对于同一个对象的多视图扫描数据,通过使用"手动注册"命令大致对齐通过不同方位获取的具有公共特征区域的各片数据,再使用"全局注册"精细对齐将多个扫描数据拼接成一个完整的数据模型,拼接过程中由于局部点云数据存在着重叠,拼接后的整体点云数据还需要设置删除重叠选项,由软件自动删除重叠的点（针对有序点云）。实例主要对点云数据拼接实现过程进行介绍,载体为生活中常见的门把手,通过点云的拼接及联合操作,可以得到一个完整的点云数据模型。

主要操作命令：

（1）"点"→"联合"→"联合点对象"

（2）"对齐"→"扫描拼接"→"手动注册"

（3）"对齐"→"扫描拼接"→"全局注册"

本实例主要有以下几个步骤：

（1）导入原始数据,合并数据得到完整的点云数据模型；

（2）查找公共特征区域,大致对齐各片数据至同一坐标系的同一方位,用手动注册的方法对数据进行注册；

（3）用全局注册再对数据进行一次注册计算,使各片数据对齐偏差最小化。

1. 打开附带光盘中"menbashou. wrp"文件

启动 Geomagic Studio 软件，单击软件左上角的 Geomagic Studio 按钮，在下拉菜单里面单击"打开"按钮或单击快速访问工具栏上的"打开"图标按钮，系统弹出"打开文件"对话框，查找光盘点云数据文件夹并选中"menbashou. wrp"文件，然后单击"打开"按钮。在工作区显示点云数据如图 4 18 所示。

2. 联合点对象

观察左边的模型管理器可以看到，该模型是由两组点云数据组成的，第一组数据里面包含 15 片的点云数据，第二组数据包含八片点云数据，如图 4-19 所示。

图 4-18　门把手点云

先对 Group1 点云数据进行联合点对象处理。在模型管理器里面选中 Group1，然后选择菜单"点"→"联合点对象"，在弹出如图 4-20 所示的"联合点对象"对话框中，更改名称为"menbashou1"。单击"应用"按钮，再单击"确定"按钮退出对话框。在模型管理器中，可以看到修改后的模型名称"menbashou1"，如图 4-21 所示。对于 Group2 点云数据也进行联合处理，处理的方法步骤是一样的，在这里不再赘述。

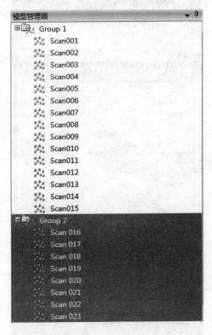

图 4-19　合并点对象

图 4-20　"联合点对象"对话框

图 4-21　合并为一个点云

图 4-20"联合点对象"对话框中部分选项说明：在进行联合点对象处理时，系统会弹出如图 4-20 所示的对话框。

"名称"：对合并后的点云对象的命名，默认该名字或输入新的名称即可。

"生成簇"：选择此复选框可以使合并后的点对象保持其合并前的信息，由哪几块点云对象构成,合并后在模型管理器中单击模型数即可清楚地看到。

"双精度":所产生的点目标包含双精度的数据。

3. 手动注册点云

按住 Ctrl 键,依次单击模型管理器中"menbashou1"和"menbashou2"两片点云数据,在图形区域显示被选中的点云数据,如图 4-22 所示。

提示:①在屏幕左边的管理器面板上,有改变显示点和多边形的控制。当导入的点云过大,进行数据处理时电脑运行速度比较慢。单击屏幕左边的管理器面板上【显示】面板,出现如图 4-23 所示的"显示"对话框,设置"动态显示百分比"为 25%,这样便可提高工作的速度。②放大扫描数据,如果扫描数据是一个规则形状的网格,说明这些点云是网格化有规律地排列的。③如果所有的扫描对象没有在图形窗口显示,按住 Ctrl 键,然后依次单击模型管理器中的扫描数据对象,或者按住 Shift 键选择第一个和最后一个扫描数据对象,这样所有的扫描对象会在图形窗口显示。

确定需要注册的所有点云处于显示状态,选择菜单栏"对齐"→"扫描拼接"→"手动注册",在模型管理器中弹出如图 4-24 "手动注册"对话框。

图 4-22　门把手拼接对象

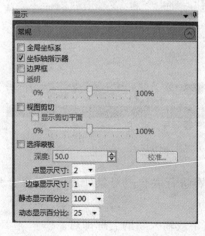

图 4-23　动态显示设置

图 4-24　"手动注册"对话框

　　在"模式"中选择"1点注册",在"定义集合"下的"固定"中选中"menbashou1",在"浮动"中选中"menbashou2",选中"着色点"。需要找到"固定窗口"和"浮动窗口"两片点云的公共特征点,如图4-25所示,选取模型上面的一个圆点作为注册对齐的点。首先在固定视图上单击该点,然后再在浮动视图上选取同一位置的点。此时,前视窗模型就按照一定的方式自动对齐。单击"注册器"完成数据注册。注意图4-25(a)为固定视图,图(b)为浮动视图,图(c)为浮动视图对齐到固定视图后的预览视图。

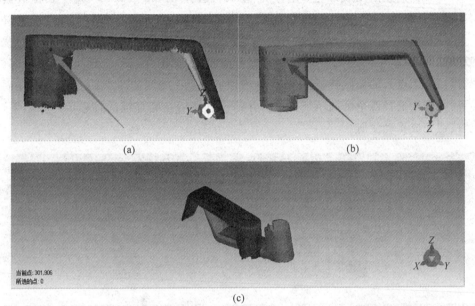

图 4-25　门把手一点注册

门把手点云对象1点注册后的效果图如图4-26所示。

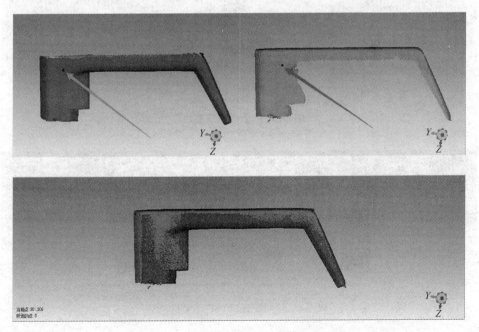

图 4-26　门把手对齐后效果图

　　由于门把手形状比较规则，点云数据比较简单，只要找准固定视图与浮动视图上共同的特征点就很容易对齐，但是对于形状复杂的模型，1 点注册在此处就不容易对齐了，此时最好使用 n 点注册，下面介绍一个 n 点注册的例子。

　　在数据模型里面找到"zhonggeban1"和"zhonggeban2"并打开。在"模式"中选择"n 点注册"，在定义集合中选择"固定"，再选择"zhonggeban1"，这个扫描数据将出现在左上的"固定窗口"，并且扫描数据变成红色；选择"浮动"，再选择"zhonggeban2"，这个扫描数据将出现在右上的"浮动窗口"，并且扫描数据变成绿色，如图 4-27 所示（图（a）为"固定窗口"，图（b）为"浮动窗口"，图（c）为浮动数据对齐到固定窗口数据后的"预览窗口"）。先把"固定窗口"和"浮动窗口"中的视图方向调整的尽可能相同，如图 4-28；然后找到"固定窗口"和"浮动窗口"两个点云的公共特征点，作为注册对齐的点。按照如图 4-29 所示依次在固定视图和浮动视图中选择四个公共特征点进行注册。选完后在底部视图将显示对齐结果，单击"确定"按钮完成手动注册。

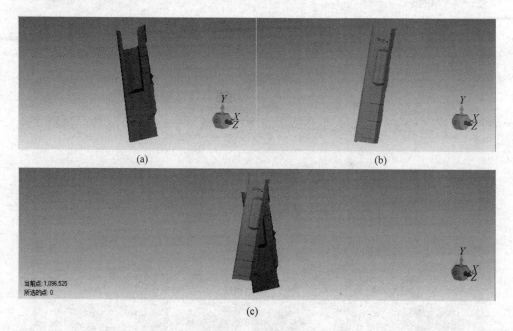

(a)　　　　　　　　　　　　　(b)

(c)

图 4-27　"手动注册窗口"

图 4-28　"固定窗口"和"浮动窗口"

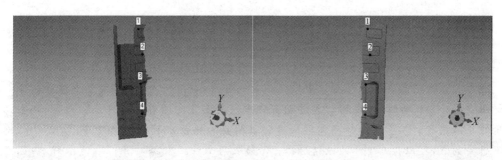

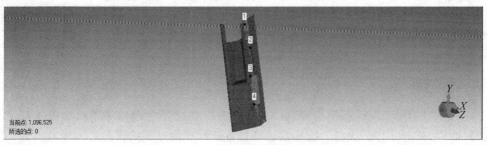

图 4-29　n 点注册数据

图 4-24"手动注册"对话框中部分选项说明如下：

（1）"模式"栏：它包括 1 点注册、n 点注册和删除点三种方式。1 点注册：系统将根据选择的一个公共点进行模型的注册；n 点注册：系统根据选择的多个特征点进行数据注册；删除点：当两片点云数据是无序点云时，为了便于手动注册，删除一些不必要的点。根据点云的实际特征进行，灵活选择注册方式，一般情况下常用 n 点注册方式，这样精度比较高。

（2）"定义集合"栏：可以人为地选择固定模型和浮动模型对象，一般在固定点云上按顺序选择一些特征点（系统会自动给出点的序号），并在浮动点云上选择与之相对应吻合的点，这样相互对应的点就会对号入座，叠加重合在一起，两块孤立的模型就合并在一起了。

"固定"：选择固定模型，在"固定"栏列表中单击其名称后，该模型会显示在工作区的固定窗口，并以红色加亮显示。注意固定模型必须是在注册的过程中保持固定的部分。

"浮动"：选择浮动模型，单击其名称后该模型会在工作区的浮动窗口以绿色显示。注意浮动模型在注册的过程中将随固定模型进行调整。

"着色点"：点云以着色点的形式显示，有利于看清模型的特征，便于选择注册点，推荐选择此复选框。

"显示 RGB 颜色"：指定是否显示模型的颜色。

（3）"操作"栏：对浮动模型进行分组命名。

"采样"：指定在注册过程中所选择计算的点的数量，在此基础上计算。

"注册器"：浮动的模型将根据所选择的公共部分对固定的模型进行复合计算。

"清除"：删除在模型上选定的参考点，用于模型点选择不正确的情况。

"取消注册"：如果对注册效果很不满意，可以单击该按钮撤销已经完成的注册。

"修改"：注册效果有些偏差时可以单击此按钮，对浮动模型的位置进行修改。

（4）"正在分组"栏：对浮动模型进行分组命名。

"添加到组"：指定是否将浮动模型加在所分的组中。

（5）"统计"栏：统计注册过程中的偏差情况。

"平均距离"：显示固定模型和浮动模型的平均距离。

"标准偏差"：两个模型相互重叠区域的标准偏差值。

提示：①固定窗口和浮动窗口中的视图分别独立，选择一个视图，按下中键旋转到想要的视图方向；②注册时，固定窗口和浮动窗口中的视图方向调整到尽可能相同，否则会影响注册的正确进行；③尽量选择高曲率或者特征明显的地方以获得好的对齐；④不小心选择到不想要的点，可以按Ctrl＋Z撤销选择；⑤如果两个扫描数据对齐得不是很好，但已经很接近，可以单击"注册器"按钮来精确对齐；⑥如果两个扫描数据离得很远，可能是选择的点不够好，那么单击"取消注册"，然后重新选择注册点；⑦在计算的过程中，按Esc键会停止当前的命令。

4. 全局注册

选择菜单栏"对齐"→"扫描拼接"→"全局对齐"，在模型管理器中弹出如图4-30"注册模式"对话框，单击"应用"按钮。扫描数据经过重新计算使对齐的误差进一步减小。

为了检查扫描数据是如何互相关联在一起的，单击"分析"图标，弹出如图4-31"分析模式"对话框。设置"密度值"为"完全"。单击"计算"按钮。计算之后图形区域会显示每个扫描数据与它相邻数据的关系，如图4-32所示的对齐偏差色谱图。

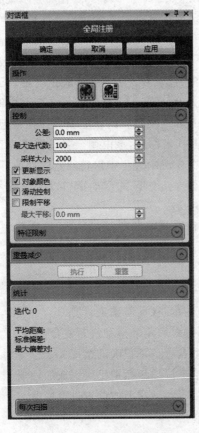

图4-30 "注册模式"对话框

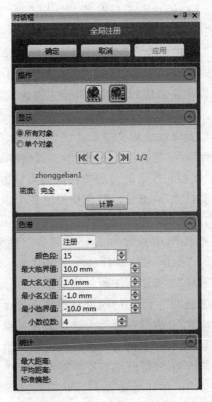

图4-31 "分析模式"对话框

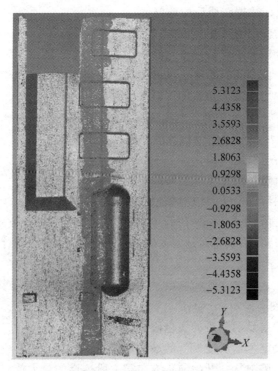

图 4-32　注册数据偏差色谱

单击"单个对象"按钮，用箭头查看每个扫描数据的对齐情况。

单击"确定"按钮完成注册。

"全局注册"对话框中部分选项说明如下：

"全局注册"对话框有两种工作模式，分为注册模式 和分析模式 。注册模式主要用于数据全局注册时的偏差控制，对之前注册的两个或两个以上对象进行重定位；分析模式主要用于分析被注册对象的偏差指标。这两种工作模式选项说明如下：

图 4-30 "注册模式"对话框中部分选项说明如下：

（1）"控制"栏：包含参数的设置和其他的注册控制菜单。

"公差"：设定注册的不同对象指定点之间的平均偏差，如果计算超过此偏差，则迭代过程停止。

"最大迭代数"：计算的最大迭代次数，以达到所要求的公差范围。

"采样大小"：从每个注册对象上指定注册点的数量，这些点用来控制注册的过程，采样点数设置的比较小，可以使注册的速度提高，但注册准确性降低；采样点设置的比较大，可以提高注册的准确性，但计算速度相对减慢。所以要根据具体情况确定采样的点数。

"更新显示"：实时地显示被注册对象的可视面积在注册过程中的注册效果，当取消此复选框可使处理速度提高。

"对象颜色"：以对比鲜明的颜色显示每个注册对象。

"滑动控制"：激活"限制平移"命令，使对象的特征部分不会产生较大的偏差。

"限制平移"：设定对象允许的最大平移值，当滑移控制和平移控制同时选择时，将以较小值为准。

（2）"统计"栏：统计数据注册后的偏差值。

"迭代"：统计数据注册过程中计算的迭代次数。

"平均距离"：统计注册对象间的平均距离。

"标准偏差"：两个模型相互重叠区域的标准偏差值。

"最大偏差对"：注册中最大偏差的一对点云对象。

图 4-31"分析模式"对话框中部分选项说明如下：

（1）"显示"栏：显示注册后的分析图谱并设定相应参数。

"所有对象"：分析所有的对象。

"单个对象"：对所选择的单个模型对象进行分析。

"滚动箭头"：使用滚动箭头可以对模型的对象逐个进行分析。

"密度"：显示密度值，下拉菜单有"低""中间""高""完全"四种方式。

"计算"：单击此按钮，系统将对选定的对象进行偏差计算，并将计算结果以偏差图谱的形式显示。

（2）"色谱"栏：设定图谱的显示参数。其下面的各个值将在计算后自动地显示调整，也可以人为地更改参数值。

"颜色段"：设定偏差显示色谱的颜色段数。

"最大临界值"：设定色谱所能显示的最大偏差值。

"最大名义值"：色谱中从 0 开始向正方向第一段色谱的最大值。

"最小名义值"：色谱中从 0 开始向负方向第一段色谱绝对值的最大值。

"最小临界值"：设定偏差的最小临界值。

"小数位数"：设定偏差显示值的小数部分的位数。

（3）"统计"栏：显示统计的偏差信息。

"最大距离"：注册点云间同一点的最大偏差距离。

"平均距离"：注册点云间同一点的平均偏差距离。

"标准偏差"：两个模型相互重叠区域的标准偏差值。

提示：①系统计算完成，图形区域显示每个扫描数据与它相邻扫描的数据的关联性。查看扫描数据，看哪个扫描数据没有对齐。如果有，可以从全局注册中将这个扫描数据移出组外，然后再运行全局注册。②为了加速检查各个扫描数据的关系，可以将分析模式选项中的显示栏下的"密度"设为"低""中间""高"。

5. 保存文件

将该阶段的模型数据进行保存。单击工具栏上的"Studio"图标按钮，选择为"另存为"，在弹出的对话框中选择合适的保存路径，命名为"zhonggeban1"，单击"保存"按钮。

第5章

多边形阶段处理技术

5.1 多边形阶段概述

多边形网格化是将预处理过的点云集,用多边形相互连接,形成多边形网格,其实质是数据点与其临近点间的拓扑连接关系以三角形网格的形式反映出来。点云数据集所蕴涵的原始物体表面的形状和拓扑结构可以通过三角形网格的拓扑连接揭示出来。

然而,点云在转换为多边形网格后,多边形网格模型的合法性和正确性存在很大的问题。由于点云数据的缺失、噪音、拓扑关系混乱、顶点数据误差、网格化算法缺陷等原因,转换后的网格会出现网格退化、自交、孤立、重叠以及孔洞等错误。这些缺陷严重影响网格模型后续处理,如曲面重构、快速原型制造、有限元分析等。

因此多边形阶段的工作是修复由于上述原因引起的错误网格,并且通过松弛、去噪、拟合等方式将多边形模型表面进一步优化。经过这一系列的技术处理,从而得到一个理想的多边形数据模型,为多边形高级阶段的处理以及曲面的拟合打下基础。多边形阶段主要操作命令如图 5-1 所示。

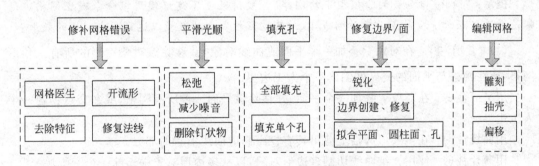

图 5-1 多边形阶段主要操作

多边形阶段处理流程并没有严格的顺序,对于某个具体模型,需要针对该模型的具体问题选择某个操作。常见情况下的处理流程为修补错误网格、平滑光顺网格表面、填充孔。修复边界/面以及编辑网格命令,根据模型的具体要求选择是否执行。

5.2　多边形阶段的主要命令

多边形阶段包含"修补""平滑""填充孔""联合""偏移""边界""锐化""转换""输出"九个操作组,如图 5-2 所示。

图 5-2　多边形阶段操作工具界面

1. "修补"操作组

"修补"操作组包含一系列修复网格命令,以修复点云网格化过程出现的网格错误,操作界面如图 5-3 所示,所包含的操作工具有:

(1)"删除" ：从对象中删除所选多边形,功能同删除(Delete)键。

(2)"网格医生" ：自动检测并修复多边形网格内的缺陷。

图 5-3　"修补"操作组界面

提示:"网格医生"能自动修复网格细微缺陷,可用该命令修复常见错误网格,如钉状物、小孔、非流形等。当模型网格数量较少时,可直接使用"网格医生"修复常见错误网格;但当较大时,直接使用"网格医生"命令则会使计算时间过长,此时建议分别使用各自修复命令修复网格,直至修复完成,最后使用"网格医生"检查是否有遗漏。

(3)"简化" ：减少三角形数目,但不影响曲面细节或颜色。

提示:"简化"命令会删除模型中的网格,一般情况下不建议使用该命令减少网格。通常是通过在点云阶段对点云数量缩减,在封装过程控制面片数量以达到减少网格的效果。

(4)"裁剪" ：在对象上叠加一个平面或曲线对象,并移除该对象一侧的所有三角形网格,或在网格与平面的交界处创建一个人工边界。

用平面裁剪:在对象上叠加一个平面,并移除该平面一侧所有网格,或在交点创建一个人工边界。

用曲线裁剪:在多边形网格上剪出具有投影修剪曲线形状的部分。

用薄片裁剪:使用二维曲线切割多边形对象,以从多边形对象中切除一个三维块。

(5)"流形" ：删除非流形三角网格的一组命令。流形三角形是与其他三角形三边相接或两边相接(一边重合)的三角形。

开流形:从开放的流形对象中删除非流形三角形,该命令将会删除孤立网格。

闭流形:从封闭的流形(体积封闭)对象中删除非流形三角形,在开放的流形对象上,所有三角形均会被视为非流形,并且整个对象会被删除。

(6)"去除特征" ：删除所选特征,并填充删除后留下的孔。

（7）"重划网格" ：包括以下三个命令：

重划网格：重新封装，产生一个更加统一的三角面。

细化：按用户定义的系数细分多边形，以在对象上或所选区域内增加多边形数目。

重新封装：在多边形对象的所选部分上重建多边形网格。

（8）"优化网格" ：对多边形网格（或所选部分网格）重分网格，不必移动底层点以更好地定义锐化和近似锐化的结构。

（9）"增强网格" ：在平面区内对网格进行细化，以准备对网格进行曲面设计，在高曲率区域增加点而不破坏形状。

（10）"修复工具" ：完善多边形网格的一组命令。

编辑多边形：对单个多边形的三角剖分进行编辑处理。

修复法线：修复由缠绕嘈杂的点对象导致的多边形的法线方向。

翻转法线：翻转多边形网格的法线方向。

拟合到平面：通过选择多边形来拟合平面。

拟合到圆柱面：通过选择多边形来拟合圆柱面。

2.　"平滑"操作组

"平滑"操作组对网格进行平滑操作，消除尖角，使表面更加光顺，操作界面如图 5-4 所示，所包含的操作工具有：

（1）"松弛" ：最大限度减少单独多边形之间的角度，使得多边形网格更加平滑。

（2）"删除钉状物" ：检测并展平多边形网格上的单点尖峰。

（3）"减少噪音" ：将点移至统计的正确位置，以弥补噪音（如扫描仪误差）。噪音会使锐边变钝，使平滑曲线边粗糙。

（4）"快速光顺" ：使多边形网格或所选部分网格更加平滑，并使网格大小一致。

（5）"砂纸" ：使用自由手绘工具使多边形更加平滑。

3.　"填充孔"操作组

"填充孔"操作组是对孔洞的识别和填充，操作界面如图 5-5 所示，所包含的操作工具有：

图 5-4　"平滑"操作组界面　　　　　图 5-5　"填充孔"操作组界面

（1）"全部填充" ：自动识别，并填充所筛选的孔。

（2）"填充单个孔" ：填充单个孔。

右上  命令为填充孔的方式，需选中以上某个填充孔命令时激活，从左至右分别为：

曲率：指定的新网格必须匹配周围网格的曲率。

切线：指定的新网格必须匹配周围网格的切线。

平面：指定的新网格大致平坦。

图 5-6 所示为三种不同修补方式所形成的新网格。

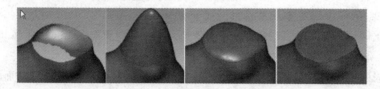

图 5-6　三种不同填充孔方式的效果

右下 命令为识别孔的样式，只当选中填充单个孔命令时激活，从左至右分别为：

内部孔：指定填充一个完整开口。单击选择孔的边缘即可填充。

边界孔：指定填充部分孔。在孔的边缘单击一点以指定起始位置。在孔边缘上单击另一点以指定局部填充的边界。最后单击边界线一侧，以选择填充孔的位置是在边界线的"左侧"或"右侧"。

搭桥：指定一个通过孔的桥梁，以将孔分成可分别填充的孔。使用该功能将复杂的孔划分为更小的孔，以更精确地进行填充。在孔边缘上单击一点，将其拖至边缘上的另一点，然后松开按键以创建桥梁的一端。当再次松开按键时，桥梁创建成功。

提示：曲率变化较大网格周围（如倒角部分）的孔洞容易形成缺陷，如图 5-7（a）所示，其边界周围的网格往往有严重缺陷，不可直接使用填充孔命令，否则会使填补后的网格存在错误。此时在填充单个孔命令下，在工作窗口单击右键，如图 5-7(c)所示，选择"选择边界"命令，选中边界周围网格如图 5-7(b)，使用删除命令删除错误网格。再次在工作窗口单击右键，选择"填充"命令，回到填充命令，并选择边界填充孔。

　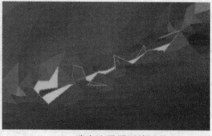

(a)孔洞周围的网格存在缺陷　　　　(b)选中边界周围的网格

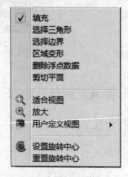

(c)选择操作菜单

图 5-7　填充孔

4. "联合"操作组

"联合"操作组操作界面如图 5-8 所示,所包含的操作工具有:

(1)"合并" ：将选择的两个或多个多边形对象合并为单独的复合对象,该命令可自动执行降噪、全局配准与均匀抽样,并能将"模型管理器"中产生多边形对象放到名为"合并N"的对象内。

(2)"曲面片" ：合并一个已经存在的点云对象或多边形对象到一个新的多边形对象,使其更好地拟合。

(3)"联合" ：通过两个或多个活动多边形对象创建单独多边形对象。

(4)"布尔" ：生成一个作为两个活动对象并集或交集,或一个对象减去其与其他对象交集的新对象。

(5)"平均值" ：创建一个作为两个或更多原始对象平均值的新活动对象。

5. "偏移"操作组

"偏移"操作组操作界面如图 5-9 所示,所包含的操作工具有:

图 5-8　"联合"操作组界面　　　　　　图 5-9　"偏移"操作组界面

(1)"雕刻" ：以交互方式改变多边形网格形状的一组命令。

雕刻刀:允许修改自由形式的网格,可设定刀具以指定宽度、高度或深度添加或删除材料。

用曲线雕刻:使用导向曲线以修改网格。

区域变形:设置椭圆形参数,以使区域凸起和凹陷精确数量的网格。

(2)"抽壳" ：这些命令允许创建一个封闭体。

抽壳:沿单一方向复制和偏移网格以创建厚度,从而生成具有体积的多边形对象。

加厚:沿两个方向复制和偏移网格以创建厚度,从而生成具有体积的多边形对象。

(3)"偏移" ：使多边形网格凸起和凹陷精确数量的一组命令。

偏移整体:应用均匀偏移使对象变大或变小。

偏移选择:沿正法线方向或负法线方向使选择的一组多边形凸起或凹陷一定距离,并在周围狭窄区域内创建附加三角形以确保整个曲面不被破坏。

雕刻:在多边形网格上创建凸起或凹陷的字符,该命令只能使用美制键盘字符。

浮雕:在多边形网格上浮雕图像文件以进行修改。

6. "边界"操作组

"边界"操作组操作界面如图 5-10 所示,所包含的操作

工具有:

图 5-10　"边界"操作组界面

（1）"修改" ：在多边形对象上修改边界的命令。

编辑边界：使用控制点和张力重建一个人工边界。

松弛边界：松弛多边形网格使自然边界更加平滑。

创建/拟合孔：切出一个完好的孔，将锯齿状孔转化为完好的孔，或调整孔的大小，并创建一个有序的自然边界。

直线化边界：在现有边界线上确定两个点，并选择需要直线化的边界部分，以创建直线边界。

细分边界：沿边界线标记特殊点，使其在编辑边界时作为端点。

（2）"创建"：在多边形对象上创建人工边界的一组命令。

样条边界：根据用户控制点布局创建一个样条，并将样条转换为边界。

选择区边界：选择一组多边形周围创建边界。

多义线边界：沿用户选择的顶点路径创建一个边界。

折角边界：在法线相差指定角度或更大角度的每对相邻多边形之间创建边界。

（3）"移动"：移动现有边界的一组命令。

投影边界到平面：将接近边界的现有三角形拉伸，以将选择的边界投射到用户定义的平面。

延伸边界：按周围曲面提示的方向投射一个选择的自由边界。

伸出边界：将选择的自然边界投射到与其垂直的平面。

（4）"删除"：移除非自然边界的一组命令。

删除边界：从对象中删除一个或多个边界。

删除全部边界：清除包括细分边界在内（不包括自然边界）的所有边界。

清楚细分点：从选择的三角形区域中移除细分点。

7. "锐化"操作组

"锐化"操作组对边界锐化，并提取出边界，操作界面如图 5-11 所示，所包含的操作工具有：

（1）"锐化向导" ：在锐化多边形对象的过程中引导用户。本组其他三个工具是"锐化向导"命令的补充，在锐化向导失败后（如网格自相交），使用其他三个命令可从锐化向导失败的步骤手动执行锐化。

图 5-11 "锐化"操作组界面

（2）延伸切线 ：从两个相交形成锐角的平面（或近似平面的曲面）中的每一个平面引出一条"切线"。交点可确定锐边的位置。

（3）编辑切线 ：修改曲线上的顶点位置，或固定顶点位置使其他命令无法影响它们。

（4）锐化多边形 ：延长多边形网格以形成"延长切线"提示的锐边。

8. "转换"操作组

"转换"操作组能将多边形对象转换为点云对象，操作界面如图 5-12 所示，所包含的操

作工具有:

"转为点" :通过移除三角面而保留优先权的点云,转换多边形对象到点云对象。

9. "输出"操作组

"输出"操作组将数据模型输出到其他软件中,再次编辑,操作界面如图 5-13 所示,所包含的操作工具有:

图 5-12 "转换"操作组界面   图 5-13 "输出"操作组界面

"发送到" :允许模型数据发送到另一个应用中,以进一步分析,软件支持将模型数据发送到 SpaceClaim Engineer 与 Geomagic Design Direct。

5.3 Geomagic Studio 多边形阶段应用实例

点云数据经过封装处理后,就进入了多边形阶段。在多边形阶段可以根据需求对模型进行各种技术处理,得到理想的多边型模型,下面就根据凸轮模型的实例创作过程对这些技术命令进行介绍。

1. 打开附带光盘中"凸轮.wrp"文件

启动 Geomagic Studio 软件,选择快速启动栏"打开"按钮图标,系统弹出"打开文件"对话框,查找光盘数据文件夹并选中"凸轮.wrp"文件,然后单击"打开"按钮,在工作区显示载体如图 5-14 所示。

图 5-14 模型

2. 修复细微错误网格

选择"多边形"→"修补"→"网格医生"修复,软件自动计算分析模型中的错误网格并选中,在"分析"选项卡中选择需要修复的类型,一般情况下选择全部类型,单击"应用",软件自动修复模型中细小错误网格。

此时,在图形区域左下角可以观察到该多边形模型包括 403954 个三角形网格,在选择全部错误类型时,选中的错误网格有 5300 个。

"网格医生"对话框说明如图 5-15 所示,部分选项说明如下:

(1)"类型"选项对话框中操作说明如下:

自动修复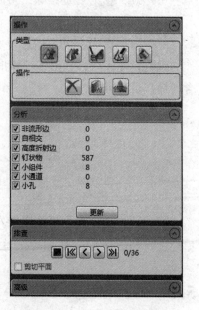:将其他操作集合于一步操作中,推荐第一步使用自动修复,如有必要再选择其他类型操作。

删除钉状物:检测并展平多边形网格上的单点尖峰。

清除:使用复杂形状校正算法对多边形网格(或所选部分网格)重分网格。

去除特征:删除选中的网格,用更规则的网格填充。

填充孔:修复细小的孔洞缺陷。

图 5-15　"网格医生"对话框

(2)"操作"选项对话框中操作说明如下:

删除所选:删除软件计算并选中的网格。

创建流形:删除选中网格中非流形部分的网格。

扩选选取:扩大选取选中网格周围的网格。

(3)"分析"对话框中操作说明如下:

"非流形边":此类三角形网格位于自然边界中,但并不与边界两侧的网格相连接。

"自相交":此类三角形网格与相邻网格相互交错。

"高度折射边":此类三角形网格与相邻网格之间存在较锋利的锐角。

"钉状物":此类三角形网格是在大致平滑的面上,由三个或三个以上的一系列三角形网格形成钉状突起。

"小组件":由于此类独立存在的三角形网格数量较少,很可能是噪音点引起的。

"小通道":此类三角形网格是在一个网格位置的正反面皆存在网格,且都具有开口。

"小孔":在多边形网格中存在开放的孔洞,但其尺寸通常非常细小,很可能被填充。

(4)"排查"对话框中操作说明如下:

重置:回到初始的观察位置,"网格医生"计算出的缺陷将全部选中并可见。

第一个:跳转到第一个缺陷。

上一个:跳转到上一个缺陷。

下一个:跳转到下一个缺陷。

最后一个:跳转到最后一个缺陷。

"剪切平面":选中一个平面,该平面一侧的网格将可视,以便观测部分网格。

(5)"高级"选项卡中参数一般保持默认,单击展开对话框如图 5-16 所示,操作说明如下：

"自动运行操作"：选中后软件将自动执行修复操作，"执行"命令将失效，默认该选项为未激活状态。

"动态更新"：自动重新计算并更新显示由"分析"选项卡更改缺陷类型后的网格数量的变化，该选项使"分析"选项卡里的"更新"失效。

"完成后清除被选择的项"：执行"网格医生"操作后，将已修复的网格取消选择。

"最大的小组件尺寸"：自定义软件识别小组件的最大尺寸。

"小隧道最大尺寸"：自定义软件识别小隧道的最大尺寸。

"最大的小孔圆周值"：自定义软件识别孔的最大圆周值。

"钉状物敏感度"：自定义软件识别钉状物的敏感度。

"扩展区域层"：修改问题区域扩大选择的层数。

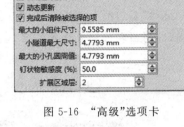

图 5-16 "高级"选项卡

3. 去除特征

选择模型平面内明显的凸起或凹陷，选择"多边形"→"修补"→"去除特征"命令。去除过程如图 5-17 所示。

(a) 原型

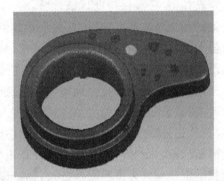

(b) 选中要去除的特征

(c) 去除后

图 5-17 去除特征过程

4. 松弛网格

选择"多边形"→"平滑"→"松弛"命令,保持"松弛"对话框内参数不变,选择"执行"命令,软件将自动计算并松弛网格,以达到表面光顺的效果,松弛效果如图 5-18 所示。

"松弛"对话框说明如图 5-19 所示,部分选项说明如下:

图 5-18　松弛后模型表面

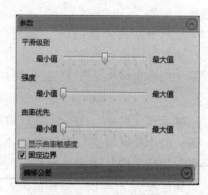

图 5-19　"松弛"对话框

"参数"选项卡包含"平滑级别"、"强度"、"曲率优先"3 个参数可供用户调节,以达到用户想要达到的松弛效果。用户可通过滑块调节各个参数的值,并对比前后值之间的松弛效果来确定具体值,一般保持默认值。

松弛的各个参数调节要适当,如果参数值太小,起不到很好的平滑模型表面的效果;如果参数值太大就会使模型变形严重。可用"最大名义值"之间的数据表示松弛三角形时大多数三角形的偏移量,就像是靠近正态分布曲线对称轴两侧包含的数据。"最大临界值"表示松弛时三角形的最大偏移量。调节"平滑级别"可以改变"最大名义值"的大小,调节"强度"值可以改变"最大临界值"的大小。

在执行"松弛"之后,将"偏差"选项卡打开,软件将自动计算偏差值,在"偏差"选项卡可调节色谱显示段。在"统计"选项卡可计算出"最大距离""平均距离""标准偏差",可对比这三个参数决定松弛效果是否满足要求,偏差设置及偏差分析结果如图 5-20 所示。

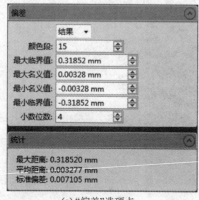

(a)"偏差"选项卡

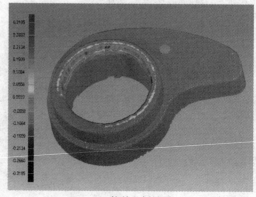

(b)偏差分析效果

图 5-20　显示松弛后的偏差

5. 填充孔

选择"多边形"→"填充孔"→"填充单个孔"命令,选择"曲率"填充方式,选择边界填充"内部孔",如图 5-21(a)所示单击右侧面的孔 A,软件将自动填补孔;选择"边界孔",并选择边界孔 B 两端端点以及要填充的方向,软件将自动填充边界孔,如图 5-21(b)所示。

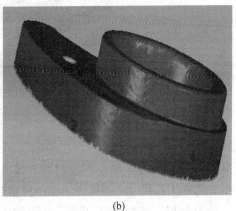

(a)　　　　　　　　　　　　　　　　　(b)

图 5-21　填充孔

6. 边界锐化

选择"多边形"→"锐化"→"锐化向导"命令。"锐化向导"分为 5 步,分别为:抽取边界、编辑边界线、生成延伸线、编辑延伸线、锐化多边形。每一步编辑完成后单击"下一步"跳转到下一步的设置对话框。

1) 抽取边界

在对话框中的"区域"选项卡中保持参数不变,选择计算,软件将自动计算曲率变化较大的区域,并以分隔符的方式显示。对识别曲率变化的敏感度可调,一般选择默认值,"区域"设置如图 5-22 所示。

图 5-22　计算分隔符

计算完毕后,软件自动切换到画笔选择工具状态,以对分隔符进行修改(单击鼠标左键添加分隔符,按 Ctrl+鼠标左键去除分隔符)。使用 Ctrl+鼠标左键去除多余分隔符,如图 5-25(b)所示位置;使用鼠标左键添加圆柱凸台的分隔符(该处凸台为细小的高度差),此处位置如图 5-23(c)中所示未编辑闭合的圆处。

同时"编辑"选项卡中有对分隔符的快捷操作,如图 5-23(a)所示。

对图 5-23(a)"编辑"选项卡选项说明如下:

(1) 删除岛 🔲 :删除孤立的小分隔符。

(2) 删除小区域 🔲 :删除由分隔符围成的细小区域,并填充分隔符。

(3) 填充区域 🔲 :在闭合区域内填充分隔符。

(4) 合并区域 🔲 :合并两个区域。

(5) 查看所选 🔲 :查看选中区域内的网格,未选中的网格将被隐藏。

(a) "编辑"选项卡

(b) 去除多余分隔符　　　(c) 添加分隔符

图 5-23　编辑分隔符

(6) 查看全部 ：显示模型内所有网格。

(7) 选择工具尺寸：该值决定选择网格时的选择半径。

分隔符编辑完成后选择"曲线"选项卡中的"抽取"，边界线将被计算并抽取出来，并单击"下一步"，操作如图 5-24 所示。

2) 编辑边界线

使用鼠标对边界线的位置、形状进行编辑，使之更平滑以及更贴合模型实际边界位置。编辑完毕后单击"下一步"，编辑效果如图 5-25 所示。

图 5-24　抽取边界线　　　　　图 5-25　编辑后效果

"操作"选项卡选项如图 5-26 所示，选项说明如下：

(1) 编辑边界线 ：可对边界线上的点移动、添加、删除，以达到控制边界线的目的。

(2) 抽取 ：复制与已抽取边界线相平行的新边界线。

(3) 松弛边界线 ：松弛边界线，使边界线更平滑。

3) 生成延伸线

延伸线是由边界线两边延伸一定距离后生成的。两平行延伸线内形成延伸区域，该区域内的网格是在后续锐化过程中所要处理的网格。保持选项卡内参数不变，单击"延伸"命令。生成延伸线后单击"下一步"。其参数"因子"为偏移边界线的距离,值越大离边界线越远。该值设定原则为延伸线能将转角部分完全包括,一般情况下使用默认值,设置对话框如图 5-27 所示。

图 5-26　边界线编辑选项

图 5-27　"延伸"选项卡

4) 编辑延伸线

为了避免在边界线相交处延伸区域相交或两相交区域形成锐利的夹角,需要对延伸线的位置进行编辑。这些错误大都发生在两边界线相交处,一般在相交地方检查是否存在错误。当模型较复杂,检查困难时,可直接单击"下一步",进入锐化多边形阶段。若延伸线存在错误,则软件将弹出报错窗口如图 5-28(a)所示,在报错窗口单击确定后,软件将会白色高亮显示错误的边界线,如图 5-28(c)所示,此时便能便捷地找出错误的延伸线。对于存在错误的边界线,如图 5-28(d)中存在交叉的延伸线,可以通过拖动延伸线的节点进行调整。

当延伸线存在错误时,单击"确定"保存已做设置并退出"锐化向导"。使用"多边形"→"锐化"→"编辑切线"命令,选择对话框中"显示编辑顶点"选项,如图 5-28(b)所示,对错误的延伸线进行编辑如图 5-28(d)所示。编辑完成后,单击"确定",并在此进入"锐化向导",进入锐化多边形阶段。或直接选择"多边形"→"锐化"→"锐化多边形"命令,进入锐化多边形阶段。

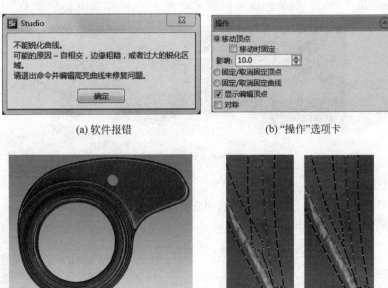

(a) 软件报错　　　　　　　　　　(b) "操作"选项卡

(c) 白色高亮显示错误边界线　　　　(d) 调整延伸线

图 5-28　延伸边界线

5）锐化多边形

保持对话框参数不变,单击"更新格栅",格栅生成完毕后单击"锐化多边形",操作如图 5-29 所示。

(a)"编辑"选项卡

(b)更新格栅　　　　　　　(c)锐化多边形

图 5-29　锐化多边形过程

7. 拟合规则面

1）选择网格

使用鼠标选择模型最上方同心圆处的中间网格,跳转到"选择"标签,选择"数据"→"选择组件"→"有界组件"命令,边界内所有网格全部被选中,操作如图 5-30 所示。

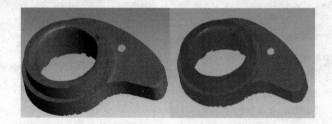

图 5-30　选择网格

2）拟合平面

使用"修补"→"修复工具"→"拟合到平面",在"对齐平面"选项卡中的"定义"选项中,选择"最佳拟合","位置度"调整为 0.0mm,单击"确定"。拟合完毕后,按 Ctrl＋C 取消选择。

3）拟合其他面

重复步骤1)和2)拟合凸台及下方处平面;在拟合内外圆柱面时,在步骤 2)选择"修补"→"修复工具"→"拟合到圆柱面"。

图 5-31　规则面拟合完成

8. 拟合边界

选择"多边形"→"边界"→"移动"→"投影边界到平面"命令。

第一步,在对话框中的"鼠标使用"选项卡中选中"整个边界",在模型中选择最外层自然边界;

第二步,在对话框中的"鼠标使用"选项卡中选择"定义平面",在"对齐平面"选项卡中的"定义"中选择"最佳拟合","位置度"为-2.0mm。此处将拟合平面的位置向外移动2mm,目的在于将边界延长,再使用裁剪,将延长的距离去除。当边界较多时,这种方法能有效避免裁剪时,其他边界未完全裁剪,操作及效果如图5-32所示。

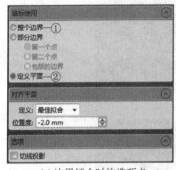
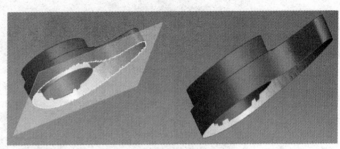

(a) 边界拟合时的选项卡　　　　　　　　　(b) 边界投影前后

图 5-32　边界拟合

重复上述步骤,对底部中心孔边界拟合,此时在"对齐平面"选项卡中的"位置度"为-4mm,投影边界超过最外层边界的偏移量是为后续边界裁剪时底圆边界能完全被裁剪。

9. 边界裁剪

使用"多边形"→"修补"→"裁剪"→"用平面裁剪"命令。在对话框中的"对齐平面"选项卡中"定义"选择"拾取边界","位置度"输入2.0mm,选择最外层底边边界。在"操作"选项卡中依次选择"平面截面""删除所选择的""封闭相交面",操作及效果如图5-33所示。

10. 拟合孔特征

使用"边界"→"修改"→"创建/拟合孔"命令。在对话框中的"选择"选项卡中选择"拟合孔"。选中模型中孔的自然边界,将"半径"调整为5.0mm,单击"执行",拟合孔特征设置及效果如图5-34所示。

其中,"线特征"为圆柱的中心轴,单击"创建"将生成该中心轴,一般不创建该特征。

11. 拉伸孔特征

使用"多边形"→"边界"→"移动"→"伸出边界"命令,在对话框中的"设置"选项卡中选择贯通,在选择上一步拟合的孔,设置及效果如图5-35所示。

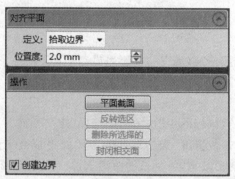

(a) 边界裁剪时的选项卡

(b) 使用"平面截面"　　　　　(c) 使用"删除所选择的"

(d) 使用"封闭相交面"　　　　　(e) 最后计算结果

图 5-33　边界裁剪

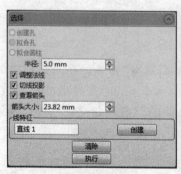

(a) "选择"选项卡　　　　　(b) 创建效果

图 5-34　拟合孔特征

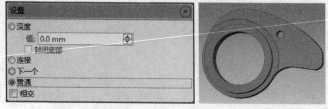

(a) "设置"选项卡　　　　　(b) 拉伸效果

图 5-35　拉伸孔特征

12. 检查模型

使用"多边形"→"修补"→"网格医生"命令,做最后的网格检查,并单击执行。在该步骤中,"网格医生"将修复细小错误。在本模型中,"网格医生"将修补细小相交边界处的错误网格,但会使网格周围平面无法保持平面的属性。此时,根据需要保持网格正确性或模型表面来选择是否执行此步骤。

13. 自定义编辑网格

此步骤为非必须步骤,视具体模型要求选择是否执行该步骤的命令。以下将介绍几个常用命令。

(1) 命令:"偏移"→"雕刻"→"雕刻刀"。此命令将鼠标视为雕刻刀,对模型网格执行凸起或凹陷变形,对话框可设置雕刻刀大小,参数设置如图 5-36 所示。

(2) 命令:"偏移"→"雕刻"→"用曲线雕刻"。使用"操作"→"定义曲线"命令,在模型上选取多个点以定义曲线;然后选择"操作"→"修改曲线",选择要变形的曲线上的某点或整段曲线,移动坐标轴达到偏移变形曲线上网格的效果,对话框内各参数可设置变形力度,设置及效果如图 5-37 所示。

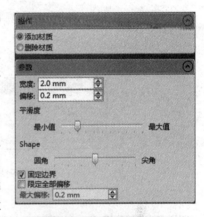

图 5-36 "雕刻刀"参数设置

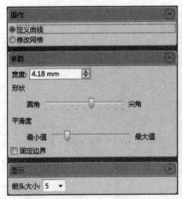 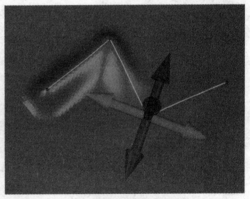

(a)"用曲线雕刻"对话框　　　　　　(b)移动坐标系来修改网格

图 5-37 用曲线雕刻

(3) 命令:"偏移"→"雕刻"→"区域变形"。在模型上选取变形区域的位置,设置椭圆的参数,则该区域将按所设置的椭圆大小变形,设置及效果如图 5-38 所示。

(4) 命令:"偏移"→"偏移"→"雕刻"。该命令将在模型上雕刻定义的字符,可设置正偏置或负偏置,设置及效果如图 5-39 所示。

(5) 命令:"偏移"→"偏移"→"浮雕"。该命令根据自定义图案或在选定区域内采集数据以浮雕的形式将网格变形,单击"加载",选择光盘中"素材图案. bmp",单击"应用",软件将自动计算并偏移网格形成浮雕效果,设置及效果如图 5-40 所示。

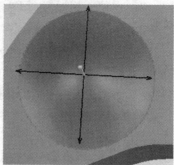

(a) "区域变形"对话框　　　　　　　　(b) 变形效果

图 5-38　区域变形

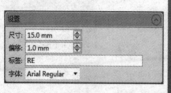

(a) "雕刻"对话框　　　　　　　　(b) 变形效果

图 5-39　雕刻字符

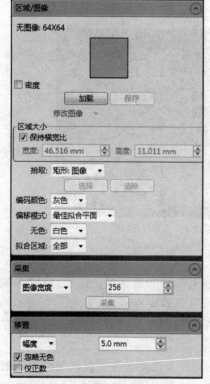
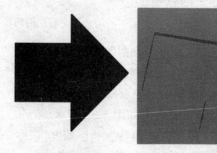

(a) "浮雕"对话框　　　　　(b) 素材图案　　　　(c) 变形效果

图 5-40　浮雕效果

14. 输出模型

模型修改完毕，就可以导出多边形数据到其他软件中进行编辑。选中"模型管理器"中的多边形对象，单击右键，选择"保存"命令，即可将多边形模型保存为"＊.stl""＊.ply"等通用格式文件。

如果计算机上同时安装有 Geomagic Design Direct 或者 SpaceClaim Engineer 软件，则可直接单击"输出"→"发送到"命令，直接将模型导入并进行再设计，如图 5-41 所示。

图 5-41 发送到

第6章

Geomagic Studio特征模块处理技术

6.1 Geomagic Studio 特征模块概述

特征模块将在活动的对象上定义一个实际或虚拟的结构体,并对其命名,以作为分析、对齐、修建工具的参考。在对特征定义完毕后,可以对该特征进行参数调整,假如特征用以分析、对齐,则保持初始参数。特征包括平面、点、直线、圆、槽、球体、圆柱体以及圆锥体。

特征创建方式可分为:由 CAD 对象提取、由点云数据拟合、由几何特征参数创建。具体操作方法根据创建特征的不同属性,软件将提供不同操作方式,但其控制及显示方式对话框又有相似之处,大致包含下列选项:

(1) 定义组:定义特征时需要包括的内容,包含名称、数据来源及类型等选项;

(2) 特征组:选择特征时由下拉列表选择特征类型以及特征名称,以选择指定特征;

(3) 编辑组:对所选特征进行编辑,包含参数编辑,及重置按键;

(4) 偏差组:分析显示特征与数据间的偏差。

6.2 Geomagic Studio 特征模块的主要命令

特征模块包含"创建""编辑""显示""输出"四个操作组,如图 6-1 所示。

图 6-1　特征模块操作工具箱界面

1. "创建"操作组

"创建"操作组包含一系列特征创建的命令,特征创建完毕后,后续"编辑""显示""输出"操作组将被激活,操作界面如图 6-2 所示,所包含的操作工具有:

(1) "探测特征" 🔧：识别多边形对象结构内现存的所有平面、圆柱面、圆锥面或球面,并为它们分别指定名称。

(2) "直线" ／：识别直线并为其指定名称,包含以下几种创建方法:

图 6-2　"创建"操作组界面

CAD：在 CAD 对象中,选择曲面之间的边缘中创建;

圆柱/圆锥/旋转轴：直线特征将从所选的圆柱/圆锥/旋转轴中提取创建;

边界：选择活动对象中的自然边界创建;

区域选择：在所选区域中拟合创建;

2 个平面：由两个"平面"特征相交而成;

平面和点：由"平面"和"点"特征指定创建;

2 个点：两点连线而成。

(3)"圆" ：识别圆并为其指定名称,包含以下几种创建方法：

CAD：在 CAD 对象中选择圆形开口中创建;

实际边界：选择活动对象中的自然边界创建;

区域选择：在所选区域中拟合创建;

中心与方向：指定圆心及法向;

平面和点：指定圆所在平面及指定半径,圆心将位于点在平面上的投影位置;

螺栓分布圆：指定三个及三个以上点/圆,过这些点/圆心创建圆。

(4)"椭圆槽" ：识别椭圆槽并为其指定名称,包含以下几种创建方法：

CAD：在 CAD 对象中选择槽形开口中创建;

实际边界：选择活动对象中的自然边界创建;

区域选择：在所选区域中拟合创建;

参数：指定槽的中心点、两轴、长度、宽度。

(5)"矩形槽" ：识别矩形槽并为其指定名称,包含以下几种创建方法：

CAD：在 CAD 对象中槽形开口中创建;

实际边界：选择活动对象中的自然边界创建;

区域选择：在所选区域中拟合创建;

参数：指定槽的中心点、两轴、长度、宽度。

(6)"圆形槽" ：识别圆形槽并为其指定名称,包含以下几种创建方法：

CAD：在 CAD 对象中槽形开口中创建;

实际边界：选择活动对象中的自然边界创建;

区域选择：在所选区域中拟合创建;

参数：指定槽的中心点、两轴、长度、宽度以及圆角半径。

(7)"点目标" ：识别点目标并为其指定名称,包含以下几种创建方法：

参数：指定点的位置坐标以及点的方向;

直线相交：由两直线的交点创建。

（8）"直线目标" ：识别直线目标并为其指定名称，包含以下几种创建方法：

参数：指定槽的中心点、两轴、长度、宽度以及圆角半径；

平面相交：由两平面的交线创建。

（9）"点" ：识别点并为其指定名称，包含以下几种创建方法：

球体：识别 CAD 对象中球体的球心；

圆柱体：选择 CAD 对象中圆柱体表面，"点"特征位将于圆柱体中心轴的某处；

圆锥体：选择 CAD 对象中圆锥体表面，"点"特征位将于圆锥体中心轴的某处；

圆：识别 CAD 对象中圆形的圆心；

球体："点"特征位于用户所选的球形区域的球心；

圆锥体："点"特征位于用户所选的圆锥体区域的顶点；

质心："点"特征位于所选点的形心；

2 条直线："点"特征位于两条"直线"特征的交点；

3 个平面："点"特征位于三个"平面"特征的交点；

平面和直线："点"特征位于"平面"特征和"直线"特征的交点；

直线和模型相交："点"特征位于直线与模型的交点处；

插入：在已存在的"点"特征与其他特征的连线之间，插入一个点，该点的位置由参数"比率"控制；

参数：指定点的位置坐标以及点的方向。

（10）"球体" ：识别球体并为其指定名称，包含以下几种创建方法：

CAD：选择 CAD 对象中球形曲面创建；

最佳拟合：拟合用户所选区域；

参数：以参数的方式输入球心及半径；

4 个点：指定球面上四个点。

（11）"圆锥体" ：识别圆锥体并为其指定名称，包含以下几种创建方法：

CAD：选择 CAD 对象中圆锥曲面创建；

最佳拟合：拟合用户所选区域；

基部和高度：以参数的方式指定圆锥体各个参数；

结束点：指定圆锥体旋转轴上的起止点以及每个点上的直径。

（12）"圆柱体" ：识别圆柱体并为其指定名称，包含以下几种创建方法：

CAD：选择 CAD 对象中圆柱面创建；

最佳拟合：拟合用户所选区域；

基部和高度：以参数的方式指定圆柱体各个参数；

结束点：指定圆锥体旋转轴上的起止点以及直径。

（13）"平面" ：识别平面并为其指定名称，包含以下几种创建方法；

CAD：选择 CAD 对象中的平面创建；

最佳拟合：拟合用户所选区域；

对称：指定活动对象或所选择区域的对称平面；

平面偏移：指定参考平面及偏移量创建"平面"特征；

过点平行于：指定参考平行面及面上的一个点创建"平面"特征；

过点垂直于：指定参考垂直面及面上的一个点创建"平面"特征；

绕轴的角度：指定参考面、旋转轴以及旋转角度创建"平面"特征；

两平面平均：指定两个参考面，在两参考面的中间位置创建"平面"特征；

垂直于轴：指定参考垂线及过面上的一个点创建"平面"特征；

贯通轴：指定面上的线及点创建"平面"特征；

2轴平均：在两轴之间取平均值创建"平面"特征；

参数：指定平面中心点、法线、长度、宽度等参数创建"平面"特征；

3个点：指定三个点创建"平面"特征。

（14）"所有圆和槽" ：在 CAD 对象上对每个圆、椭圆槽、矩形槽和圆角槽自动创建特征自对象。

2．"编辑"操作组

"编辑"操作组包含对现有特征修改编辑的各个命令，其操作界面如图 6-3 所示，所包含的操作工具有：

（1）"编辑特征"：修改现有的特征。

（2）"复制特征"：从各个对象中依次复制一个或多个已选特征。

（3）"转换"：将特征对象转为其他对象类型的命令，该命令包含特征转为多边形对象、特征转为 CAD 对象、基准转为特征三个子命令。

（4）"修改网格"：修改多边形网格的工具，包含以下子命令：

剪切：在多边形网格内修剪出孔或其他二维特征（圆、槽等）形状；

拟合：重建对应多边形网格以匹配理想三维几何形状；

布尔：移除对应多边形网格，并选择布尔运算对模型进行修改。

3．"显示"操作组

"显示"操作组控制特征显示特性，其操作界面如图 6-4 所示，所包含的操作工具有：

（1）"特征可见性" ：在图形区域内切换所有特征的显示方式。

（2）"特征显示" ：在图形区内配置特征的外观。

4．"输出"操作组

"输出"操作组操作界面如图 6-5 所示，所包含的操作工具有：

图 6-3 "编辑"操作组界面　　图 6-4 "显示"操作组界面　　图 6-5 "输出"操作组界面

"参数交换" ：在 Geomagic Studio 软件与支持的 CAD 工具包之间交换参数化实体。

6.3　Geomagic Studio 特征模块处理实例

1. 打开模型

启动 Geomagic Studio 软件，选择快速启动栏"打开"按钮，系统弹出"打开文件"对话框，查找光盘数据文件夹并选中"规则几何体.wrp"文件，然后单击"打开"按钮，在工作区显示载体如图 6-6 所示。

2. 创建特征

1）创建球体特征

使用鼠标中键将模型视图调至图 6-7（a）所示位置。在右侧工具栏中选中"选择贯通"  图标以及"矩形选择"工具。选择左侧球面多边形，选择"特征"→"创建"→"球体"→"最佳拟合"，在对话框中选择"应用"，如图 6-8 所示，球特征将被拟合。单击"确定"退出"球体"特征的创建。

图 6-6　模型

(a) 摆正视图

(b) 框选网格　　　(c) 亮显选中网格　　　(d) 拟合球体

图 6-7　拟合球体过程

图 6-8　"定义"选项卡

创建特征过程，"定义组"将被弹出。其中，如果将"接触特征"选项选中，拟合出的特征其上下偏差趋于相等；否则特征的下偏差趋近 0。

2）创建圆锥体特征

如图 6-9 所示，选择中间圆锥面多边形，选择"特征"→"创建"→"圆锥体"→"最佳拟合"，在对话框中选择"应用"，圆锥特征将被拟合。单击"确定"退出"圆锥体"特征的创建。其"定义"选项卡与上一步骤类似，不再赘述。

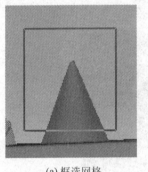  

(a) 框选网格　　　　(b) 亮显选中网格　　　　(c) 拟合圆锥体

图 6-9　拟合圆锥体过程

3）创建圆柱体特征

使用鼠标中键将模型视图调至合适位置。在右侧工具栏中选中"选择可见" 以及"画笔选择工具" 。选择左侧部分圆柱体侧面（由于模型中圆柱体侧面存在局部缺陷，只能选择局部平整侧面），选择"特征"→"创建"→"圆柱体"→"最佳拟合"，在对话框中选择"应用"，圆柱体特征将被拟合。单击"确定"退出"圆柱体"特征的创建。创建过程如图 6-10 所示。

(a) 摆正试图　　　　(b) 选择网格　　　　(c) 创建圆柱体

图 6-10　圆柱体创建过程

4) 创建平面特征

创建如图 6-11(a)所示三个平面 ABC。选择其中一面网格,选择"特征"→"创建"→"平面"→"最佳拟合",在对话框中选择"应用"并"确定",平面创建完成,重复该过程直至三个平面创建完成,由于后续操作需要,对三个平面的名称分别命名为"Back Plane""Side Plane""Bottom Plane"以作区分。创建结果如图 6-11(b)所示:

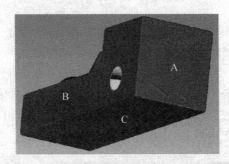

(a) 摆正视图

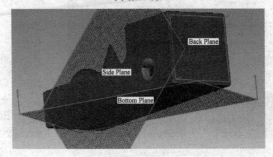

(b) 三个平面创建完成

图 6-11　平面创建结果

提示:平面 A 包含局部凸起,当如图 6-12(a)选择平面并应用时,单击"偏差"选项卡,软件将计算并显示如图 6-12(b)所示,图示局部含较大误差。此时再次单击"偏差"选项卡,回到选择状态,选择"画笔选择工具",按住 Ctrl 键,单击鼠标左键取消选择凸出部分如图 6-12(c)所示。此时再次打开偏差分析,数据能较好的拟合平面。

5) 创建圆

选择"特征"→"创建"→"圆"→"实际边界",选择图 6-13(a)中圆形边界,在对话框中单击"应用",完成圆的创建,如图 6-13(b)所示,单击"确定"退出创建圆命令。

提示:在编辑操作特征过程中,控制特征可见性有助于用户选择特征。单击"特征"→"显示"→"特征可见性",可显示或隐藏全部特征,或者在"特征可见性"下拉菜单中显示或隐藏某类特征,如平面、球体等;"特征"→"显示"→"特征显示"控制单个特征显示要素,要素包括线框、透明、标签、方向、中心点,一般保持默认显示。

3. 编辑圆特征

1) 修改参数

选择要编辑的特征有两种方法:①选择命令"特征"→"编辑"→"编辑特征",在"编辑特

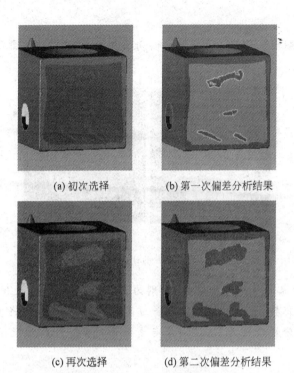

(a) 初次选择	(b) 第一次偏差分析结果

(c) 再次选择	(d) 第二次偏差分析结果

图 6-12　平面 A 的选择

征"对话框中选择要编辑的特征,进而对其进行编辑;②在右侧"模型管理器"中选择要编辑的特征(圆 1),鼠标右键,在弹出菜单中选择"编辑……"。

　　"编辑特征"对话框包含"特征"组、"编辑"组、"偏差"组,如图 6-14 所示。将"编辑"组中圆的"直径"修改为 30mm。单击"确定"完成修改。

　　提示:该命令可通过参数修改特征。若此时显示单位为 in,可选择"工具"→"修改"→"in/mm 单位"来更改单位显示。

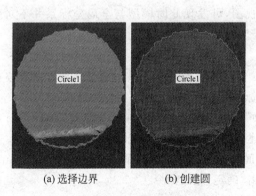

(a) 选择边界	(b) 创建圆

图 6-13　创建"圆"特征

图 6-14　"编辑特征"对话框

2）修改网格

选择"特征"→"编辑"→"修改网格"→"剪切"，选择特征"圆1"，周围网格将被修改至圆特征，如图6-15所示。

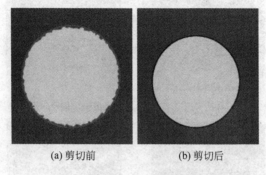

(a) 剪切前　　　　　　　　(b) 剪切后

图 6-15　剪切圆特征

提示："剪切"对象为二维特征，"拟合"则为三维特征。另外，使用"特征"→"编辑"→"转换"命令，可将特征转换为 CAD 对象或多边形网格。图 6-16 为将步骤 1）中拟合的"圆柱体"及"球体"特征分别转换为 CAD 对象与多边形对象。修改功能视具体模型需要选择操作。

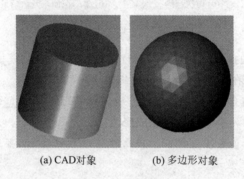

(a) CAD对象　　　　　　(b) 多边形对象

图 6-16　转换命令

4. 对齐到全局

通过右侧视图转换工具中查看模型的三视图，可发现此时模型与全局坐标系并不对应（在左侧"显示"选项栏中可选择显示查看全局坐标系）。

1）建立"点""直线"特征

建立"点""直线"特征，并通过点、线、面三个特征对齐到坐标系。通过这种方法建立的坐标系满足面面之间相互垂直以及原点在坐标轴上的要求。

选择"特征"→"创建"→"点"→"三个平面"，在"定义组"中，三个平面选择"Back Plane""Side Plane""Bottom Plane"，单击"应用"创建点，并单击"确定"退出命令。

选择"特征"→"创建"→"直线"→"两平面"，在定义组中，两个平面选择"Side Plane""Bottom Plane"，单击"应用"创建直线，并单击"确定"退出命令。

2）对齐

图 6-17 所示为上一步骤中所创建并将在对齐中所用到的点、线、面三个特征："点 1"

"直线 1"和"Bottom Plane"。

选择"对齐"→"对象对齐"→"对齐到全局",如图 6-18 所示,将"XY 平面"与"Bottom Plane"配对;"Y 轴"与"直线 1"配对;"原点"与"点 1"配对。其中将"Y 轴"与"直线 1"的对齐方向翻转 ⬍ 。

图 6-17　对齐所用到的特征

图 6-18　创建对

点开"统计"选项卡可查看,此时,六个自由度已被约束,以及配对偏差皆为 0,如图 6-19 所示。

单击"确定"退出对齐操作。此时翻转模型三视图,模型的每个视图的位置都被摆正,对齐完毕。如图 6-20 所示,此时模型已对齐到全局坐标系中。

图 6-19　"统计"选项卡

图 6-20　对齐完毕

第7章

Geomagic Studio曲线阶段处理技术

7.1 Geomagic Studio 曲线阶段功能概述

曲线阶段可以对点云对象和多边形对象进行操作。曲线阶段对曲线的定义有自由曲线和已投影曲线两种。其中自由曲线可以从截面或边界创建,其在模型管理器中与点云对象和多边形对象均为独立的操作对象,不受被提取对象的影响。自由曲线还可以经参数交换命令发送至正向建模软件;已投影曲线可以通过"绘制"和"提取"命令创建,其位于被提取对象的表面,被提取对象发生变化,已投影曲线随之发生变化,已投影曲线不是独立的操作对象,不能直接进行参数交换命令,但是自由曲线和已投影曲线可以相互转化,已投影曲线可先转化为自由曲线,然后进行参数交换操作。

曲线阶段处理技术主要包括:曲线提取、曲线处理与参数交换。

曲线提取有四种方式:①从截面创建,用平面或圆柱形曲面来截取点云对象或多边形对象得到自由曲线;②边界提取,将多边形对象的一条或多条边界提取为自由曲线;③绘制曲线,在多边形对象上进行绘制得到已投影曲线;④抽取曲线,在多边形对象曲率变化较大位置创建已投影曲线。

曲线提取后,在曲线处理过程中,首先以设计意图为依据,通过使用"重新拟合"和"草图编辑"两种命令对自由曲线进行编辑和修改,而后将处理后的自由曲线经"参数交换"命令发送到正向设计软件中,进行后续的正向设计。

7.2 Geomagic Studio 曲线阶段处理工具

曲线阶段包含"自由曲线""已投影曲线"和"输出"三个操作组,如图 7-1 所示。

图 7-1　曲线阶段操作工具界面

1.　"自由曲线"操作组

自由曲线操作组包含的操作工具有：

1) 从"截面创建"

操作对象为多边形对象和点对象，用平面或圆柱面在对象上截取一条或多条自由曲线。创建的自由曲线有样条曲线和线/弧曲线两种类型，样条曲线由样条线段组成，线/弧曲线由直线和圆弧组成。

2) "从边界创建"

操作对象为多边形对象，提取操作对象的部分或全部边界为样条曲线。

3) "重新拟合"

操作对象为自由曲线，使同一平面的样条曲线拟合为线/弧曲线，便于使用编辑草图工具进行修改。

4) "编辑草图"

操作对象为线/弧曲线，在二维草图编辑环境下创建或修改直线、圆或圆弧。编辑草图环境含有"定向""显示""编辑"和"退出"四个操作组。图 7-2 是编辑草图操作界面。

图 7-2　编辑草图操作界面

(1) "定向"操作组包含的工具有：

"定向草图"　：定向草图可以旋转草图，修改草图的水平和竖直方向。

"重新拟合草图"　：将现有草图删除，重新拟合草图线段。

(2) "显示"操作组包含了可以显示的对象：

"曲线"：指自由曲线；"点"：组成草图曲线的底层点（创建曲线时产生的）；"标签"：用来标记线段类型，有水平、竖直和垂直三种标签；"尺寸"：显示圆弧和圆的尺寸；"格栅线"：在图形区域显示格栅；"忽略点"：仅可在编辑参数化曲面创建的曲线时使用；"偏差"：以色谱形式显示底层点距曲线的距离，统计其中最大距离、平均距离和标准偏差；"切点"：以相切符号标记两个相切曲线的切点；"开放端点"：绿色高亮显示端点。

提示：在提取曲线时，软件已把生成曲线的底层点（从截面创建截取的点、从边界创建边界上点和已投影曲线的点）保存在文件中，底层点是后续曲线编辑的参考，偏差分析以这些点为基准进行偏差计算。

(3) "编辑"操作组包含的工具有：

"选择"　：鼠标的默认工具，选择线段、圆或圆弧后，对话框中会显示其属性。对非固定的圆或圆弧在属性对话框可修改对应参数值。圆弧属性对话框如图 7-3 所示。

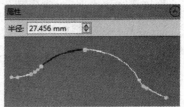

图 7-3　圆弧属性对话框

"直线" ：其下拉框中有直线和最佳拟合线两种模式。①直线：在图形区域单击两点可创建一条直线段；②最佳拟合：使用选择工具选择两个以上的底层点，然后根据选择的底层点自动拟合出一条直线。

"正切弧" ：用来创建圆和圆弧。其下拉列表中有正切弧、3 点圆弧、最佳拟合弧线、3 点圆和最佳拟合圆五个工具。①正切弧：分别选择两个不同线段或圆弧的端点，生成一段相切圆弧；②3 点圆弧：在图形区域单击三个点生成过这三个点的圆弧；③最佳拟合弧线：使用选择工具选择三个以上的底层点，根据选择的底层点拟合出弧线；④3 点圆：在图形区域单击三个点，生成过这三个点的圆；⑤最佳拟合圆：使用选择工具选择三个以上的底层点，根据选择的底层点拟合出一个圆。

"简单圆角" ：其下拉列表中有简单圆角、拖拉圆角和最佳拟合圆角三个工具。①简单圆角：单击要倒圆角的节点，在对话框中设置圆角半径；②拖拉圆角：单击要倒圆角的节点，然后移动鼠标调节圆角的半径，此时可根据底层点来确定圆角；③最佳拟合圆角：选择底层点和要倒圆角的节点或选择两个开放端点和之间的底层点，自动拟合出圆角。

"裁剪" ：裁剪相交的直线或弧线。裁剪有三种工具：基本、分裂和自动倒圆角。①基本：对两条相交曲线，以交点分界单击曲线上要保留的一侧，另一侧会被删除；②分裂：单击两条相交的曲线，交点将把曲线断开，形成四条曲线；③自动倒圆角：在对话框中设置倒角半径，单击相应线段，即可生成圆角。圆角生成在单击曲线时单击的那一侧。

"移除倒角" ：移除小倒角，以尖角替代。设置最小角度和最大半径，大于最小角度且小于最大半径的圆角被移除。

（4）"退出"操作组包含的工具有：完成草图 ，保存修改，退出草图编辑环境；取消 ，放弃所有修改，退出草图编辑环境。

5）分析

操作对象是自由曲线，显示曲线的切线、圆、曲率、高曲率点；统计曲线的半径和曲率的最小值、最大值、平均值和标准偏差。

6）删除

删除自由曲线中的线段或圆弧。

7）合并

在模型管理器中选择两个以上的自由曲线将其合并为一个曲线组。

8）投影

将选择的自由曲线，投影到多边形对象上，生成已投影曲线。

9）创建点

在选择的一条自由曲线上创建指定密度的点云。

2. "已投影曲线"操作组

"已投影曲线"操作组包含的工具有：

1）"绘制"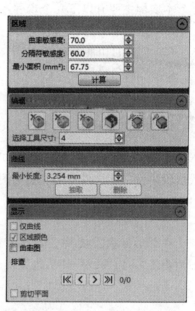

在多边形对象上绘制和修改已投影曲线。此工具包含四种操作：绘制、提取、松弛和分裂/合并。

2）"抽取"

计算多边形对象的曲率，在曲率变化较大位置创建已投影曲线。此命令通过计算对象的曲率，然后沿着曲率变化较大的位置放置红色分割符，将对象划分成多个区域，并在分割符位置放置已投影曲线。该命令下有"区域""编辑""提取"和"显示"四个工具，抽取工具对话框如图 7-4 所示。

3）"重新采样"

在创建"已投影曲线"后才会激活该工具，修改曲线上顶点的数量从而修改曲线的形状。

4）"删除"

删除多边形对象上所有的已投影曲线。

提示：这与自由曲线操作组中的删除工具使用方法不同。

5）"转为"

图 7-4　"抽取"工具对话框

改变已投影曲线的属性，将多边形对象中的所有已投影曲线转为自由曲线或边界。转为自由曲线时，已投影曲线仍然存在，而转为边界时已投影曲线就被边界替代了。

3. "输出"操作组

"输出"操作组中有"参数交换"和"发送到"两个工具。

1）"参数交换"

将一个自由曲线对象发送到正向设计软件，以草图的形式在正向设计软件中创建。支持的正向软件有：Pro/E、Catia、SolidWorks、Autodesk Inventor。使用参数交换时，应在安装时安装相应的转换工具。参数交换包含：交换选项、整个表格、草图选项、高级选项、CAD配置和偏差分析六个工具。

2）"发送到"

将模型数据发送到 SpaceClaim 或 Geomagic Spark 软件。

7.3　Geomagic Studio 曲线阶段处理实例

本节以挡泥板多边形模型为例来完整介绍曲线阶段的操作。首先从多边形模型创建曲线，再对曲线进行编辑，之后将曲线发送至 SolidWorks 软件进行正向设计，生成参数化曲面模型。

目标：提取出多边形模型的边界自由曲线、多组截面曲线及曲率变化较大位置的自由曲线，通过编辑提取的曲线以减小偏差，将自由曲线通过参数交换发送至 SolidWorks 进行正向参数化设计生成曲面模型。

本实例主要有以下几个步骤：

（1）导入本实例多边形模型；

（2）创建自由曲线；

（3）绘制已投影曲线；

（4）发送至 SolidWorks。

1. 导入实例模型

导入多边形模型"挡泥板.wrp"后，在选项卡里选择"曲线"，便可对多边形模型进行曲线阶段操作。多边形模型实例如图 7-5 所示。

2. 创建边界曲线

在图形显示区域，单击鼠标右键，在对话框中单击"全选"命令，选中全部多边形模型。然后单击"自由曲线"→"从边界创建"命令，弹出对话框，如图 7-6 所示。

图 7-5　挡泥板实例模型

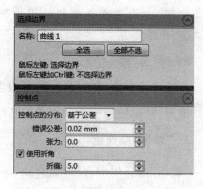

图 7-6　从边界创建对话框

图 7-6 所示对话框中主要选项说明如下：

（1）"选择边界"栏："全选"命令可以选择模型全部的边界，"全部不选"命令清除所选择的边界，模型的边界以绿色显示，选中的边界以蓝色显示。

（2）"控制点"栏：控制点的分布及设置是否使用折角。

"控制点的分布"：控制创建的自由曲线符合模型边界的程度，"控制点的分布"有"适应性"、"基于公差"和"常数"三种分布模式。①"适应性"：按照"最大控制点数量"和"控制点间距"值分布控制点，指定最长边界上"最大控制点的数量"或"控制点间距"其中一个值后另一个值会自动计算出来；②"基于公差"：基于"错误公差"和模型边界曲率创建自由曲线，曲率高放置的控制点数量多，"错误公差"指创建的自由曲线与原模型边界的偏差最大值；③"常数"：按照"控制点"值在每个自由曲线上分布控制点，不论曲线的长度和曲率。

"张力"：调整自由曲线的平滑性，选择范围是 0.0～1.0。设置的值越大，曲线越平滑。

"使用折角"复选框："折痕"是角度单位,指创建曲线时接受多边形边界角度变化的最小值。"折痕"越小,创建的曲线越能表现模型边界的细微变化。

单击"全选",选择全部的模型边界,单击"控制点的分布"→"基于公差","错误公差"为0.02mm,"张力"为0,"折痕"为5.0。然后单击"确定"创建出边界曲线,边界曲线的类型为样条曲线,将多边形模型隐藏,所得边界曲线如图7-7所示。

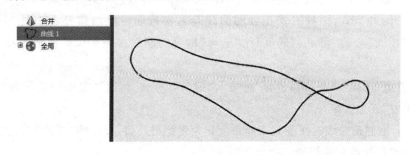

图7-7　边界曲线

3. 创建多重截面曲线

从截面创建的曲线类型有:线/弧和样条两种。分别创建两种类型的曲线进行对比。

1) 创建线/弧型截面曲线

选择"自由曲线"→"从截面创建"弹出对话框如图7-8所示。

图7-8所示对话框中包含以下命令:

(1)"截面类型"栏:有"平面"和"圆柱形"两种截面类型。

(2)"对齐平面"栏:指定截面的创建方式和位置。

"定义":选择截面的创建方式,截面类型为平面时,其下拉栏中有六种方式:"三个点""直线""系统平面""对象特征平面""全局特征平面""位置度"。①"三个点":在对象上单击三个不在同一直线的点,单击对齐按钮,产生过三个点的平面;②"直线":选取直线特征或坐标轴,产生垂直于该直线特征或坐标轴的平面;③"系统平面":选择全局坐标系中的 X-Y 平面、X-Z 平面、Y-Z 平面,可以使选择的坐标平面旋转;④"对象特征平面":选择已创建的对象特征平面;⑤"全局特征平面":选择已创建的全局特征平面;⑥"位置度":设置截面的位置。

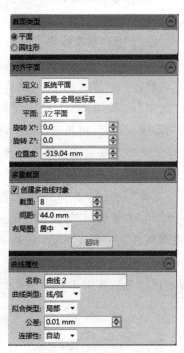

图7-8　从截面创建对话框

(3)"多重截面"栏:用多个互相平行的截面来创建多条曲线。

"创建多曲线对象":每个截面截取的曲线是单独的曲线对象。

"截面":定义截面数量。

"间距":指两个截面之间的距离。

"布局图"：下拉栏中有"居中"和"单向"两个命令，"居中"指所有的截面以对齐平面命令定义的平面为中心平面对称分布，"单向"指以对齐平面命令定义的平面为起始平面，向一侧间隔分布，此状态下"翻转"命令可用。

（4）"曲线属性"栏：为创建的曲线命名，确定创建的曲线类型。

"曲线类型"选择"线/弧"时，设置"拟合"方式和"公差"，"拟合类型"下拉栏中有"局部"和"全局"两种方式，两种方式拟合的曲线与真实截面曲线的偏差不超过"公差"所设参数值。但相同"公差"值下，"局部"比"全局"拟合的曲线在曲率大的部分更接近真实截面曲线。

"曲线类型"选择"样条"时，包含"折角"、"拟合"（有按"距离""公差"和"常数"三种拟合方式）和"张力"三个命令。

"折角"：指创建曲线时接受截面曲线变化角度的最小值，设定的"折角"参数值越小，创建的曲线越能表现所截曲线的细微变化。

"拟合"：确定样条曲线控制点的分布，其下拉框中有"距离""公差"和"常数"三种拟合方式。①"距离"：按照设定的"距离"参数值确定沿样条曲线两控制点之间的距离；②"公差"：基于设定的"公差"参数值在样条曲线上分布控制点，使创建的样条曲线与真实的截面曲线之间的偏差不大于"公差"值；③"常数"：通过设定"控制点"参数值确定创建的样条曲线上控制点的数量。

"张力"：调整曲线的平滑性，选择范围是 0.0～1.0。设置的值越大，曲线越平滑。

因此，单击"截面类型"→"平面"；"对齐平面"→"定义"→"系统平面"，"平面"→"XZ 平面"，"旋转"和"位置度"使用默认值；"多重截面"→"截面"输入 8，"间距"输入 44，"布局图"→"居中"；"曲线属性"→"曲线类型"→"线/弧"，"拟合类型"→"局部"；"公差"设为 0.01。然后单击"应用"，再单击"确定"，创建出 8 条截面曲线。在模型管理器中，选择仅显示曲线 1 和曲线 2，观察创建的截面曲线，线/弧型截面曲线如图 7-9 所示。

2）创建样条型截面曲线

选择"自由曲线"→"从截面创建"弹出从截面创建对话框。对话框中"截面类型""对齐平面"和"多重截面"的设置与创建线/弧型截面曲线相同，将对话框中"曲线属性"一栏改为："曲线属性"→"曲线类型"→"样条"，"折角"输入 15，"拟合"→"公差"，"公差"输入 0.01，"张力"为 0.0。然后单击"应用"再单击"确定"，创建出样条型截面曲线。在模型管理器中，仅显示曲线 1 和曲线 3，样条型截面曲线如图 7-10 所示。

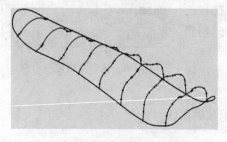

图 7-9　线/弧型截面曲线

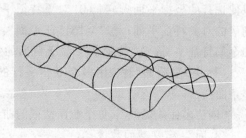

图 7-10　样条型截面曲线

　　提示：对比线/弧型和样条型截面曲线，样条型截面曲线一般只有起、始两个端点，而线/弧型截面曲线端点很多。该模型自由曲面较多，样条型截面曲线更能反映真实的截面曲线，而线/弧型截面曲线实际由多段弧型曲线段拼接而成。在 SolidWorks 曲面建模中，曲线端点多对创建的曲面光顺性影响很大，因此该模型选择使用样条型截面曲线。

4. 创建曲率变化较大位置的曲线

　　实例 7 中凹槽的上下边线，曲率变化较大，需要用"已投影曲线"操作组下的"绘制"来创建。

　　单击"模型管理器"中多边形对象，在选项卡里单击"曲线"，然后单击"已投影曲线"操作组→"绘制"，接着单击"操作"对话框→"绘制"，"绘制工具"对话框如图 7-11 所示。

　　如图 7-11 绘制对话框中有：绘制、抽取、松弛和分裂/合并四种操作，说明如下：

　　(1) 绘制 ▨：在多边形对象绘制、移动或删除曲线，可以调整控制点的位置和数量。控制点有红、绿、黄三种标记颜色，分别表示：拐角点、端点、控制点。

　　(2) 抽取 ▨：抽取出多边形对象上高曲率位置（折边、棱边等）的曲线。

　　(3) 松弛 ▨：按公差来松弛选择的曲线，松弛后曲线更平滑，但会发生偏移，偏移值不大于公差值。

　　(4) 分裂/合并 ▨：在一个控制点处分裂或者合并曲线的连续性。

　　在图形显示区域，沿着曲率变化大的位置，手动绘制已投影曲线，此时鼠标的操作有：单击左键，绘制；Ctrl＋左键，删除；拖动左键，移动顶点/偏移曲线；Shift＋拖动左键，释放曲线/捕捉到顶点；ESC，完成绘制。单击左键生成一个控制点，接着再单击左键生成一个控制点和过这两个控制点的曲线，绘制的曲线如图 7-12 所示。

图 7-11　"绘制工具"对话框

图 7-12　绘制的曲线

　　最后单击"确定"，退出"绘制"命令，提取出曲率变化较大位置曲线如图 7-13 所示。

5. 将自由曲线转为已投影曲线

　　创建的样条型截面曲线，不是和边界线相连的，因此先将样条型截面曲线转为已投影曲线，再使用"绘制"工具将其与边界相连。

　　在"模型管理器"中单击曲线组 3 的曲线 3-1，然后选择"自由曲线"操作组→"投影"，弹出对话框，如图 7-14 所示。

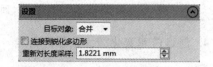

图 7-13　曲率变化较大位置曲线　　　　　　　图 7-14　投影对话框

"设置"包含的命令有：①"目标对象"：要投影到的对象；②"重新对长度采样"：该长度值影响投影到对象上曲线的形状。选择"设置"对话框→"重新对长度采样"使用默认值，单击"确定"完成投影操作。同样的方法将曲线组 3 中其余的曲线投影到目标对象上。选中"模型管理器"中"合并"多边形对象，按住 F2，仅显示该多边形对象，投影之后的曲线如图 7-15 所示。

提示："投影"命令每次只能将一条自由曲线投影到多边形对象上，所以要依次将每条截面曲线投影到多边形对象上。

6. 编辑已投影曲线

使用"绘制"命令，编辑已投影曲线使其与边界相连。单击"已投影曲线"→"绘制"，接着单击"操作"对话框中"绘制"命令。在图形区用鼠标选择并移动曲线的端点，使其与边界相连，移动端点的过程中，鼠标显示圆形时，表示和边界相连（同时端点颜色变为红色）；移动控制点将抽取的凹槽边线和投影的曲线相连，可填加和删除控制点来修改曲线的形状。为了在正向设计时更好地完成曲面重建，要适当地绘制几条已投影曲线。修改后的已投影曲线如图 7-16 所示。

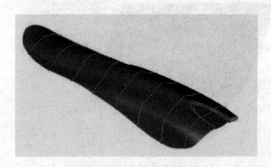

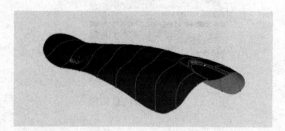

图 7-15　投影之后的曲线　　　　　　　图 7-16　修改后的已投影曲线

提示：为了在正向软件曲面建模时操作更方便，可根据曲面的曲率在多边形对象上增加、删减一些已投影曲线。

7. 将已投影曲线转为自由曲线

通过上一步骤得到了封闭的已投影曲线，接着将已投影曲线转为自由曲线。

单击"已投影曲线"操作组→"转为"→"自由曲线",弹出对话框,如图 7-17 所示。

"控制点"对话框与"从边界创建"的"控制点"对话框相同。首先单击"控制点"对话框→"控制点的分布"→"基于公差",然后"错误公差"输入 0.01mm,"张力"为 0.0;"曲线对象"对话框→"输入名称"→曲线 4,最后单击"确定",得到封闭的三维自由曲线。选中模型管理器中"曲线 4",按住 F2,仅显示曲线 4,如图 7-18 所示。

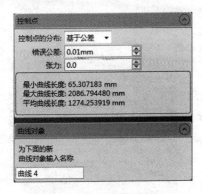

图 7-17 "自由曲线"对话框

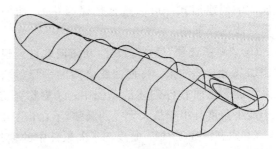

图 7-18 曲线 4

8. 偏差分析

在"模型管理器"中单击曲线 4,然后单击"自由曲线"操作组→"分析",弹出对话框如图 7-19 所示。

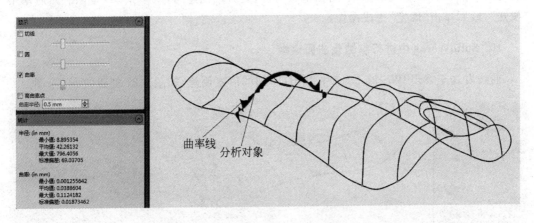

图 7-19 偏差分析

在图形显示区域,选择上图所示的曲线,然后在"显示"对话框中,选中曲率,观察分析对象的曲率图,可知曲线的曲率是对称分布的,在"统计"对话框中,得到分析对象的半径和曲率的最小值、最大值、平均值和标准偏差。由于曲线 4 是样条型曲线,且曲线的半径是变化的,所以统计的半径标准偏差比较大。

9. 参数交换

使用"参数交换"工具时,要确保安装了相应的转换软件。本实例选用的正向软件是

SolidWorks 2013。首先在"模型管理器"中单击"曲线4",然后单击"输出"操作组→"参数交换",弹出对话框如图7-20所示。

图7-20对话框中的操作说明如下:

（1）"交换选项"栏：选择与哪个正向设计软件交换数据。

（2）"整个表格"栏：列出要交换的曲线，和在正向设计软件中创建形式。可以选择创建为草图、曲面、实体。这里只能选择草图。

（3）"草图选项"栏：①尺寸，在正向软件创建的草图中添加尺寸；②约束：将使曲线之间的平行、垂直、相切关系添加到正向软件创建的草图中；③删除弧：将删除大于最小角度且小于最大半径的圆弧，不在草图中创建。

（4）"高级选项"栏：曲线在正向软件中的创建形式，包含单张2D草图、多张2D草图和单张3D草图。

（5）"CAD配置"栏：显示数据交换目录即为当前模型文件的位置。

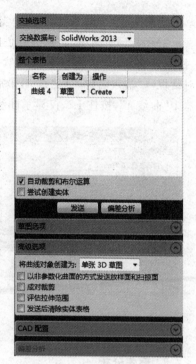

图7-20 "参数交换"对话框

单击"交换选项"对话框→"交换数据与"→SolidWorks 2013；"整个表格"对话框→"创建为"→草图，"操作"→Create；"高级选项"对话框→"将曲线对象创建为"→单张3D草图。然后单击"发送"，最后单击"确定"完成操作。

10. SolidWorks中进行参数化曲面建模

曲线发送至SolidWorks 2013中以3D草图的形式创建，如图7-21创建的3D草图。

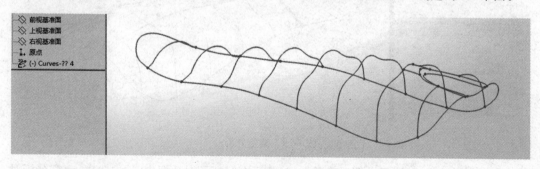

图7-21 创建的3D草图

在SolidWorks 2013中使用"曲面放样""曲面填充"和"曲面缝合"工具进行参数化曲面建模。首先使用"曲面放样"和"曲面填充"工具，得到的曲面如图7-22所示。

然后使用曲面缝合工具将创建的"曲面缝合"，缝合之后为一个整体曲面，得到的曲面如图7-23所示。

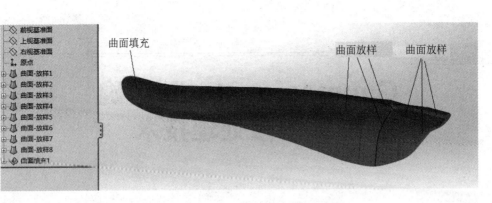

图 7-22　经"放样""填充"的曲面

图 7-23　缝合后的曲面

第8章

Geomagic Studio精确曲面阶段处理技术

8.1 精确曲面阶段概述

精确曲面是一组四边曲面片的集合体。首先根据模型表面的曲率变化生成轮廓线,并对轮廓线进行编辑,通过划分轮廓线将模型整个表面划分为多个独立的曲面区域,而后对各个区域铺设曲面片,使模型成为一个由较小的四边形曲面片组成的集合体;然后将每个四边形曲面片经格栅处理为指定分辨率的网格结构,最后将每个曲面片拟合成 NURBS 曲面,并进行曲面合并,得到最终的精确曲面。相邻曲面片之间是满足全局 G1 连续的。

在创建合理的 NURBS 曲面对象时,最重要的是构建一个好的曲面片结构。理想的曲面片结构是①规则的,每个曲面片可近似为矩形;②合适的形状,在一个曲面片内部没有特别明显的或多出的曲率变化部分;③效率高的,模型包含了与前两个要求一致的最少量的曲面片。精确曲面阶段的目的在于通过相切、连续的曲面片有效地表达模型形状,进而获得规则的、合适形状的曲面。

精确曲面阶段包含自动曲面化和手动曲面化两种操作方式,其中手动曲面化操作流程如图 8-1 所示,手动曲面化操作过程中同时提供了手动和半自动编辑工具来修改曲面片的结构和边界位置。为了改善曲面片的布局结构,用曲面片移动来创建更加规则的曲面片布局,可通过移动曲面片顶点修改曲面片边界线位置,也可使用移动曲面片操作来局部地修改曲面片结构,以保证有效的曲面片布局。

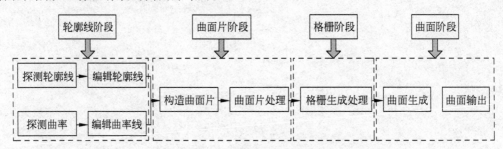

图 8-1 手动曲面化操作流程

轮廓线是由多边形对象上的曲率变化较大区域决定的,然后将对象分成曲率变化较低的区域,各区域能够用一组光滑的四边曲面片呈现出来。生成轮廓线后,会出现橘黄色轮廓线和黑色轮廓线,进行轮廓线编辑时,务必使各橘黄色轮廓线相互连接,并尽可能使橘黄色轮廓线所围成区域为矩形。轮廓线是构建 NURBS 曲面的框架,生成准确、合理的轮廓线是创建精确 NURBS 曲面的基础。

通过轮廓线将区域划分完成后,即可将区域分解为一组四边曲面片,每个曲面片由四条曲面片边界线围成。将区域分解为四边曲面片是创建 NURBS 曲面过程中的关键一步。模型的所有特征均可由四边曲面片表示出来,如果一个重要的特征没有被曲面片很好地定义,可通过增加曲面片数量的方法进行解决。

为了拟合 NURBS 曲面,要求一个有序的点集来呈现模型对象,因此需要将各曲面片进行格栅处理。创建格栅是将指定的分辨率网格结构放置在每个被定义的曲面片里。创建格栅时所形成的交点准确地位于多边形对象曲面上,并被用作计算 NURBS 曲面的样条线。格栅越密,从多边形曲面捕获和呈现在最终 NURBS 曲面上的细节就越多。

经精确曲面阶段处理所得 NURBS 曲面能以"＊.igs"或"＊.iges"等通用格式文件输出,并输入到 CAD/CAM 系统中进行进一步设计,或者输出到可视化系统中进行显示。

8.2　精确曲面阶段的主要操作命令

精确曲面阶段包含"开始""自动曲面化""轮廓线""曲面片""格栅""曲面""分析""转换""输出"九个操作组,如图 8-2 所示。

图 8-2　精确曲面阶段操作工具界面

1. "开始"操作组

开始操作组包含"精确曲面"  操作,"精确曲面"是将多边形对象转化到精确曲面阶段,并激活其余操作模块。

2. "自动曲面化"操作组

自动曲面化操作组包含"自动曲面化" 操作,"自动曲面化"是以最少的用户交互,自动生成 NURBS 曲面。

3. "轮廓线"操作组

"轮廓线"操作组操作界面如图 8-3 所示,所包含的操作工具有:

图 8-3　"轮廓线"操作组界面

(1) "探测轮廓线" :可进行探测轮廓线和探测曲率操作。

探测轮廓线 :在多边形模型边界放置红色分隔符,允许调整这些区域分隔符,并在这些区域分隔符内放置黄色(可延长)或橘黄色(不可延长)的轮廓线。

提示：使用"探测轮廓线"命令将生成橘黄色轮廓线，橘黄色轮廓线能被后面的"细分/延伸轮廓线"命令用到，延伸后的轮廓线将由橘黄色变为黄色。

探测曲率 ▉：通过探测曲率变化较高的区域并放置轮廓线。

提示：探测曲率将会引导软件自动地依据模型曲面的曲率生成轮廓线。使用"探测曲率"命令在生成轮廓线过程中，会出现黑色（曲面片分界线）、橘黄色（面板分界线）两种不同颜色的轮廓线，橘黄色轮廓线是最高级轮廓线（亦可称为最高级曲率线），橘黄色轮廓线可通过"升级约束"命令中的"降级所有轮廓线"操作降级为黑色轮廓线，反之，黑色轮廓线也可以升级为最高级轮廓线。

（2）"编辑轮廓线" ▉：可进行编辑轮廓线、编辑延伸、拟合轮廓线、重采样轮廓线以及取消固定所有顶点操作。

编辑轮廓线：对分隔符自动生成的轮廓线进行进一步修改，该命令的操作目标是得到能够准确、完整地表达模型轮廓的线框。

编辑延伸：修改轮廓线周围存在的扩展。

拟合轮廓线：减少控制点的数目并调节张力，以便修改黄色或橘黄色轮廓线的曲率。

重采样轮廓线：增加或减少黄色或橘黄色轮廓线上的控制点的数目。

取消固定所有顶点：解除对象上的所有顶点，使其遵从其他命令的控制。

（3）"细分或延伸" ▉：将橘黄色轮廓线按照定值长度或曲面片数量进行细分，或将橘黄色轮廓线按一定距离向两侧延伸。

（4）"松弛轮廓线" ▉：使轮廓线更加光顺。

（5）"移动曲率线" ▉：用于处理轮廓线与曲面片边界线，可重新排列由"检测曲率"生成的黑色或橘黄色曲率线，或将黑色曲面片分界线转化为橘黄色面板分界线。

（6）"升级约束" ▉：修改轮廓线命令，将黑色轮廓线升级成橘黄色轮廓线或将橘黄色轮廓线降级成黑色轮廓线。

（7）"删除" ✖：移除橘黄色或黄色轮廓线，以及黄色轮廓线周围的扩展或曲率线。

4."曲面片"操作组

曲面片操作组操作界面如图 8-4 所示，包含的操作工具有：

图 8-4　"曲面片"操作组界面

（1）"构造曲面片" ▉：可进行构造曲面片和绘制曲面片布局图两种操作。

构造曲面片：通过轮廓线自动生成曲面片结构。可进行自动估计、使用当前细分和指定曲面片计数三种操作方法生成曲面片。

绘制曲面片布局图：用于手动创建曲面片布局，且可对曲面片布局进行绘制、抽取、松弛、分裂/合并、细分、收缩、格栅/条带和降级/升级修改操作。

（2）"修理曲面片" ▉：分析、检查曲面片布局，对问题区域逐个排查并进行修理。有编辑曲面片和修理曲面片两种修理方法。

（3）"移动"![](:在面板内重新排列曲面片的命令。可进行移动面板和移动曲面片操作。

移动面板：整理面板内的曲面片，使之规则的排列，并可以使用曲面片填充空白面板。

移动曲面片：重新排列特殊点或直线周围的曲面片。

（4）"模板"![](：在类似对象上重复使用曲面片布局的命令。可进行创建模板、投影模板和镜像模板操作。

创建模板：将现有对象的曲面片布局作为元素保存在模型管理器内，以留待稍后使用。

投影模型：将在模型管理器内找到的模板对象应用于当前操作的对象。

镜像模型：将在模型管理器内找到的曲面片模板镜像到对称面的另一侧。

（5）"松弛"![](：沿轮廓线长度放松张力以便轮廓线更平滑。可进行松弛曲面片（直线式）、松弛曲面片（曲线式）和松弛相交曲面片操作。

松弛曲面片（直线式）：调直曲面片两顶点之间边线（不必移动顶点），忽略相邻边线的位置。

松弛曲面片（曲线式）：调直曲面片两顶点之间边线，同时利用相邻边线保持平滑度。

松弛相交曲面片：移除导致曲面片重叠的边线。

（6）"压缩曲面片层"![](：移除或细分整行曲面片，周围行自动合并以覆盖空隙。

（7）"删除"![](：移除曲面片及其信息。可进行删除曲面片、删除退化角点和删除延伸操作。

删除曲面片：移除所有曲面片（轮廓线除外）。

删除退化角点：删除形成角度的一对曲面片边界线。

删除延伸：删除由轮廓线延伸的延伸线。

5．"格栅"操作组

图 8-5　"格栅"操作组界面

"格栅"操作组操作界面如图 8-5 所示，包含的操作工具有：

（1）"构造格栅"![](：在多边形模型的每个曲面片创建一个有序的 U-V 网格。

（2）"修补"：用于检测网格，并对发现的问题进行修补。可进行检查几何图形、松弛格栅和编辑格栅操作。

检查几何图形：在选择曲面片（如未选择则在所有曲面片）上测试生成不完整的网格。

松弛格栅：松弛网格结构，使曲面更加平滑。

编辑格栅：对格栅网格线进行编辑修改。

（3）"指定"：控制网格线属性。可进行尖锐轮廓线和平面区域操作。

尖锐轮廓线：使相邻曲面片边界线交集处更加尖锐。

平面区域：将平坦的 NURBS 曲面应用于所选曲面片。所选曲面片必须在命令执行前近似平坦。

（4）"生成"：修改网格结构。可进行自栅格开始的多边形和纹理-映射模型操作。

自栅格开始的多边形：将网格结构转为新的有序多边形对象。

纹理-映射模型：重新划分网格三角形并创建一个纹理贴图、凹凸贴图或置换贴图，并保存为"＊.obj"或"＊.3ds"文件(用于导入到 Autodesk 3ds Max 等软件中进行三维动画渲染和制作等操作)。

(5)"清除"：可进行尖锐轮廓线、锐化点和平面区域操作。

尖锐轮廓线：删除所有由"尖锐轮廓线"命令创建的尖锐轮廓。

锐化点：删除所有由"尖锐轮廓线"命令创建的锐化点。

平面区域：删除所有由"平面区域"命令创建的平滑区域。

(6)"删除"：移除格栅。

6."曲面"操作组

图 8-6　"曲面"操作组界面

"曲面"操作组操作界面如图 8-6 所示，包含的操作工具有：

(1)"拟合曲面"：在格栅网格的基础上生成 NURBS 曲面。

(2)"合并曲面"：合并曲面片。可进行自动、选择和恢复操作。

自动：将已拟合的曲面在保证其整体形状不变的情况下，尽可能少地进行合并。

选择：将选择的两个或多个曲面片进行合并。

恢复：恢复 NURBS 曲面到原始状态。

(3)"编辑"：修改 NURBS 曲面。可进行控制点、角点和边界、NURBS 曲面片层、表面张力、重新拟合曲面片、松弛曲面和检查切线连续性操作。

控制点：更改单独 NURBS 控制点的位置以修改 NURBS 曲面。

角点和边界：通过单击及拖动，改变 NURBS 控制点的位置以形成样条边界和角点。

NURBS 曲面片层：调整 NURBS 控制点的数目和控制点上的张力程度以修改 NURBS 曲面的光滑度。

表面张力：对曲面表面张力设定值进行修改。

重新拟合曲面片：在已选曲面片内重新生成 NURBS 曲面。

松弛曲面：放松 NURBS 控制点，使其独立于底层多边形，让 NURBS 曲面变得更加平滑。

检查切线连续性：测试相邻 NURBS 曲面片之间的连续性，并绘制切线以突出显示曲面片在既定角度范围内不会彼此相交的位置。

(4)"转换"：将 NURBS 曲面片转化为其他对象。可进行到 CAD 对象和曲面片边界到曲线操作。

到 CAD 对象：将 NURBS 曲面对象转成 CAD 对象。

曲面片边界到曲线：将 NURBS 曲面的样条边界转成曲线对象。

(5)"删除"：移除 NURBS 曲面。

7."分析"操作组

"分析"操作组包含"偏差"操作，生成一个以不同颜色区分被选对象和从对话框的下拉菜单里选择的对象间不同偏差的 3D 颜色分布图。

8. "转换"操作组

"转换"操作组包含"转为多边形" 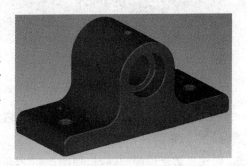 操作,"转为多边形"是将精确曲面阶段的模型转化为多边形模型。

9. "输出"操作组

"输出"操作组包含"发送到"操作,"发送到"是将模型数据发送到另一个应用程序。

8.3 Geomagic Studio 精确曲面阶段应用实例

精确曲面阶段可通过自动曲面化和手动曲面化获得精确 NURBS 曲面,手动曲面化又可通过探测轮廓线和探测曲率两种方法进行。探测轮廓线方法适用于外形特征中二次曲面特征为主的产品模型(如机械零件模型等);探测曲率方法适用于外形复杂、自由曲面较多的,或者第一种方法无法处理的产品模型(如工艺品模型等)。自动曲面化可方便地构建出模型曲面,适用于快速构建复杂、非规则的模型曲面。

本节将首先通过实例讲解探测轮廓线方法获取精确 NURBS 曲面的操作流程及注意事项,然后讲解探测曲率和自动曲面化方法获取精确 NURBS 曲面的操作流程及注意事项。

8.3.1 探测轮廓线方法实例

目标:将多边形模型通过探测轮廓线方法,生成合理的轮廓线,并进行网格划分,创建出规则的、合适形状和数量的曲面片,然后对每个曲面片进行格栅处理,获得高分辨率网格结构模型,最后将模型拟合为精确 NURBS 曲面,并以"*.iges"格式输出。

本实例主要有以下几个步骤:

(1) 导入底座多边形模型;

(2) 按多边形模型形状生成相互连接的轮廓线;

(3) 依据轮廓线进行网格划分,创建曲面片;

(4) 将每个曲面片进行格栅处理,获得多分辨率网格结构模型;

(5) 将网格结构模型拟合,获取精确 NURBS 曲面;

(6) 将 NURBS 曲面输出。

1. Geomagic Studio 切换到精确曲面编辑界面

模型在多边形阶段编辑完成后或导入多边形模型后,在选项卡里选择"精确曲面",便可对多边形模型开始进行精确曲面编辑,其中多边形模型如图 8-7 所示。

2. 对多边形模型进行精确曲面操作

首先选择"开始"→"精确曲面"命令,会发现

图 8-7 底座多边形模型

模型管理器中的底座模型图标由三棱锥形状变为非洲鼓形状,表明模型当前为精确曲面对象,如图 8-8 示。

提示:在图形区域左下角可以观察到这个多边形包括599982 个三角形,曲面片数为 0,所以要逐步地构造出曲面片。

3. 提取轮廓线

选择"轮廓线"→"探测轮廓线"命令,弹出对话框,如图 8-9 所示。

图 8-8　获取精确曲面对象　　　　　　　图 8-9　"探测轮廓线"对话框

图 8-9"探测轮廓线"对话框中主要选项说明如下:

(1) 在区域中可通过"曲率敏感度""分隔符敏感度"和"最小面积"三个选项控制分隔符,从而对精确曲面对象进行区域划分。

(2) "曲率敏感度"的选择范围是 0.0～100.0,敏感度值低划分的区域数量较少,高值可划分更多的区域,操作者可自行设置参数值,观察区域变化。

(3) 分隔符是指根据模型表面的曲率变化而生成的用于划分各个彩色区域的红色分隔区域。通过抽取该红色区域的中心线得到轮廓线。"分隔符敏感"度选择范围是 0.0～100.0,设置的数值越大,敏感程度越高,分隔符所覆盖的范围也就越大。

(4) "最小面积"是划分模型表面的最小面积单位。所设置的数值越小,划分的单位就越小,得到的分隔符就越准确,计算的时间也越长。根据模型的大小进行相关设置。

不改动各选项的默认设置值,单击"计算"命令,生成分隔符,如图 8-10 所示。

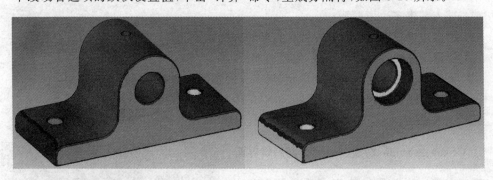

(a) 模型正面视图　　　　　　　　　　　(b) 模型背面视图

图 8-10　生成分隔符

生成分隔符后,"编辑"命令激活,通过按住鼠标左键进行"分隔符绘制"和"合并区域"⬛操作,对精确曲面对象进行分隔符编辑,然后单击"删除岛"🔧和"删除小区域"🔧操作,创建更加合理的分隔符,如图 8-11 所示。

"编辑"对话框操作界面如图 8-12 所示。

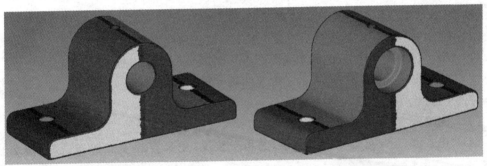

(a) 模型正面视图　　　　　　　　(b) 模型背面视图

图 8-11　编辑后分隔符

图 8-12"编辑"对话框中操作说明如下：

(1)"删除岛" ：删除分隔符中非闭合并且与其他
分隔符部分无连接区域的分隔符。

(2)"删除小区域" ：删除分隔符中比较小的
区域。

图 8-12　"编辑"操作界面

(3)"填充区域" ：当探测出的区域在两分隔符中间时，如不必要出现这种情况，可单击中间没有分隔符的区域，这时这个区域就会被分隔符覆盖，不再成为单独的区域。

(4)"合并区域" ：合并相隔的两个封闭的分隔符区域。单击此按钮后，选择要合并的两个相邻区域，拖动光标完成合并。

(5)"只查看所选" ：仅查看选择的区域。

(6)"查看全部" ：当处于"只查看所选"状态时，可以查看全部的区域。

(7)"选择工具尺寸"：设定选择工具的尺寸大小，选择范围是 $1\sim20$，所设置的数值越大，尺寸就越大。

提示：编辑分隔符的目的是为了获得封闭轮廓线，如图 8-11 所示，将底座模型中孔的分隔符与外轮廓分隔符连接，可方便提取封闭轮廓线。绘制分隔符时，尽可能使划分区域近似为矩形，有利于在后续操作中创建分布规则的曲面片。区域的颜色是不重要的，仅为方便快速识别不同的区域。

然后单击"轮廓线"→"抽取"命令，生成轮廓线，如图 8-13 所示。

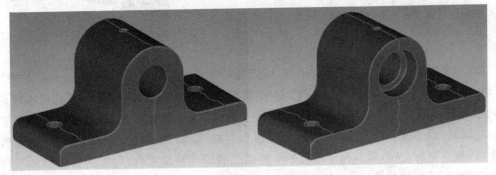

(a) 模型正面视图　　　　　　　　(b) 模型背面视图

图 8-13　生成轮廓线

"抽取"对话框操作界面如图 8-14 所示。

图 8-14 中"轮廓线"对话框显示相关轮廓线抽取选项的内容说明如下：

(1)"最小长度"：指抽取的轮廓线的最小长度。

(2)"敏感度"：指分隔符生成的轮廓线的敏感程度，敏感性越高，得到的轮廓线越贴近分隔符的中心线，平滑程度也就越低。

(3)"删除"：删除生成的所有轮廓线。

(4)"检查路径相交"：检查轮廓线的相交情况，如果存在交叉等错误，系统会自动提示。

图 8-14 中"显示"对话框是显示相关选项内的内容，辅助操作人员对本命令的操作说明如下：

(1)"仅轮廓线"：选中此选项，视窗内只显示轮廓线。

(2)"区域颜色"：相邻的两个闭合分隔符区域以不同的颜色显示，方便操作人员查看。

(3)"曲率图"：系统以不同颜色显示模型表面的曲率变化，颜色越深的部分曲率变化越大。

提示：抽取轮廓线是通过抽取分隔符的中心线得到的。多次进行轮廓线提取时会发现，即使每次的分隔符绘制方法、参数设置一样，提取的轮廓线形状、位置都会有所不同，这是因为每次操作中不能保证分隔符区域大小、位置完全一样。

生成的轮廓线中往往会存在如下问题：①平面区域两端点间轮廓线弯曲；②相邻轮廓线端点不重合；③缺少轮廓线；④生成的轮廓线与模型边界位置不重合，即轮廓线位置不准确。如图 8-15 所示。

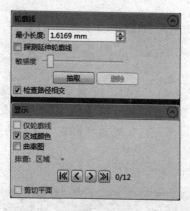

图 8-14 "轮廓线"及"显示"操作界面

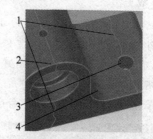

图 8-15 问题轮廓线

单击"轮廓线"→"编辑轮廓线"命令，对问题轮廓线进行修改。对于问题 3，可单击"操作"对话框中的"绘制"操作，单击选择要连接的两段轮廓线的端点，创建出新的轮廓线；对于问题 1，可采用"松弛"操作或在"绘制"操作下删除该段轮廓线（Ctrl＋鼠标左键单击要删除的轮廓线）后绘制新轮廓线操作；对于问题 2，可在"绘制"操作下，选择其中一条轮廓线红色端点，按住鼠标左键，将其拖动到另一条轮廓线的端点使其重合，也可将其中较短或较差轮廓线删除，重新绘制轮廓线；修改后的轮廓线如图 8-16 所示。如果生成的轮廓线与模型边界位置不重合，可在"绘制"操作下，拖动轮廓线到合适位置。

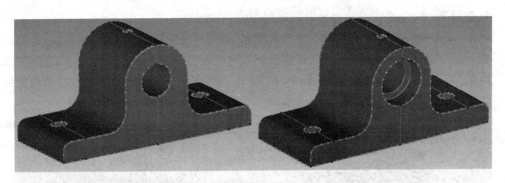

(a) 模型正面视图　　　　　　　　　　(b) 模型背面视图

图 8-16　编辑后轮廓线

"编辑轮廓线"对话框操作界面如图 8-17 所示。

图 8-17"编辑轮廓线"对话框中操作说明如下：

（1）"操作"对话框是用于提供对轮廓线进行编辑操作的命令。

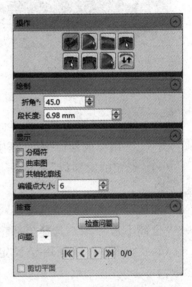

"绘制"：根据区域划分需要绘制轮廓线。

"抽取"：在已有的分隔符上提取出新的轮廓线。

"松弛"：在可视的区域内矫直所能单击选中的轮廓线。

"分裂/合并"：在一个控制点处分裂或者合并轮廓线的连续性。

"细分"：调整选定轮廓线或全部轮廓线的分隔符之间的间距。

"收缩"：通过删除局部轮廓线线段将两个三叉顶点合并为一个四叉顶点。

图 8-17　"编辑轮廓线"操作界面

"修改分隔符"：手动编辑当前分隔符或者自动优化当前分隔符。

"指定不延伸的轮廓线"：指定不需要延伸的轮廓线。

（2）"绘制"对话框是用于设置轮廓线折角和段长度的参数。

"折角"：规定一个假定转角的弯曲程度。

"段长度"：指定分隔之后轮廓线每段的长度。

（3）"显示"对话框是用于设定是否显示分隔符、曲率图和共轴轮廓线。

分隔符：选中可以显示模型的红色区域分隔。

曲率图：选中可以显示模型的色谱曲率图。

"共轴轮廓线"：选中后可以将共轴轮廓线显示红色直棒。红色直棒是当一条曲线轮廓线与另一条轮廓线相交时，该曲线轮廓线过交点的切线，如图 8-18 所示。

图 8-18　红色直棒

（4）"排查"对话框是用于检查轮廓线是否存在问题。

检查问题：单击该按钮后会显示出现问题的个数。

单击"轮廓线"→"细分或延伸"命令，首先在"选定的轮廓线"对话框中选择"全选"操作，然后在"操作"对话框中选择"细分"→"按长度"，将长度值设为8mm，最后单击"确定"按钮。

单击"轮廓线"→"细分或延伸"命令，在"操作"对话框中选择"延伸"操作，将倒角区域轮廓线选中，单击"延伸"执行操作。细分和延伸后轮廓线如图8-19所示。

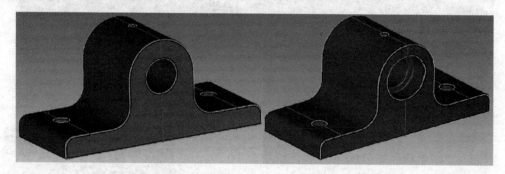

(a) 模型正面视图　　　　　　　　　　　　　(b) 模型背面视图

图8-19　"细分或延伸"后轮廓线

"细分或延伸"对话框操作界面如图8-20所示。

图8-20"细分或延伸"对话框中操作说明如下：

（1）"选定的轮廓线"对话框用于设定选择的轮廓线范围。

"全选"：可以选择全部轮廓线。

"全部不选"：取消选择全部轮廓线。

（2）"操作"对话框用于设定细分及延伸的相关参数。

"细分"：进行细分操作。

"按长度"：按一定长度值对每段轮廓线进行划分。其长度值设置可根据提取曲面片的规则程度判断。

"按曲面片计数"：按曲面片数量对轮廓线进行划分。

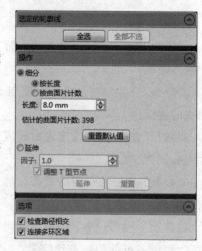

图8-20　"细分或延伸"操作界面

"重置默认值"：还原默认的长度和曲面片计数。

"延伸"：将轮廓眼向两侧延伸，并删除原轮廓线。

"因子"：控制延伸的宽度。

（3）"选项"对话框用于设置相关选项。

"检查路径相交"：检查延伸之后的延伸线是否相交，若有相交线必须重新进行延伸操作，或通过调整延伸因子来使相交线分离开来。

"连接多环区域"：创建不可延伸的轮廓线将闭环区域连接起来。

提示：进行"细分或延伸"操作是为了便于提取较规则的曲面片。对于倒角尺寸较小的区域，需对其边界轮廓线进行"延伸"操作，可在进行拟合曲面时，在相邻曲面间形成光滑、连续过渡，从而提高曲面精度。对于倒角尺寸较大的区域，可对该区域轮廓线进行"延伸"操作,也可不划分该区域,将该区域与相邻区域视为同一区域,一同构造曲面片,并拟合曲面,所得曲面精度不会降低,而且可减少曲面数量。

4. 创建曲面片

单击"曲面片"→"构造曲面片"命令,弹出"曲面片计数"对话框,如图 8-21 所示。

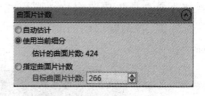

图 8-21　"曲面片计数"对话框

图 8-21"构造曲面片"对话框中操作说明如下:

(1)"自动估计":系统将自动计算目标的曲面片数。

(2)"使用当前细分":根据轮廓线细分长度或曲面片计数来构造曲面片。仅当模型的轮廓线执行"细分"操作后,才能激活该命令。

(3)"指定曲面片计数":通过设置曲面片数量来划分曲面片。该参数根据操作人员对模型的了解及设计经验进行设置,不建议初学者使用该功能。

选择"使用当前细分",系统会自动估计出曲面片数。单击"确认"按钮,即可根据轮廓线创建曲面片,如图 8-22 所示。

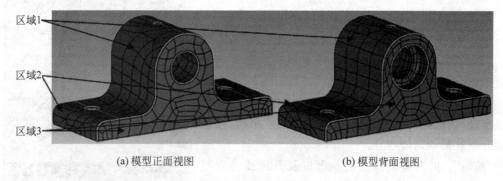

(a) 模型正面视图　　　　　　　　　　(b) 模型背面视图

图 8-22　创建曲面片

提示:如创建曲面片分布图与图 8-22 不符,这是正常的,因为每次操作过程中所提取的轮廓线尺寸、位置不同,故创建的曲面片也会有所差别。

单击"曲面片"→"移动"→"移动面板"命令,弹出"移动面板"对话框,可根据曲面片分布情况进行编辑。如图 8-22 所示,图中所示区域 2 曲面片不规则,选择对话框中"操作"→"定义"和"类型"→"格栅"操作选项,鼠标左键单击区域 2 内任一点,当边界线由黑色变为白色时,表明区域 2 已被选中,如图 8-23 所示。

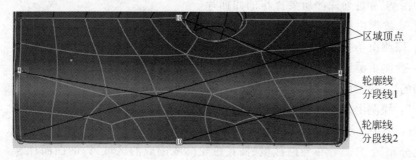

图 8-23　编辑前区域 2

　　鼠标左键按顺时针或逆时针方向,依次选取选取 4 个区域顶点,此时"执行"操作激活,单击"执行",将区域 2 的曲面片处理得相对规则,单击"下一个"可对下一区域进行编辑。如操作人员对所生成曲面片规则程度仍不满意,选择对话框中"操作"→"编辑"操作选项,按住鼠标左键,拉动要移动的曲面片顶点,进行曲面片边界线修改,得到新的曲面分布,如图 8-24 所示。

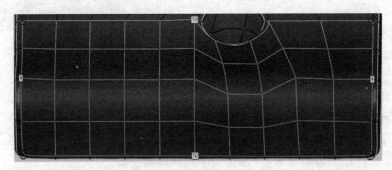

图 8-24　编辑后区域 2

　　"移动面板"对话框操作界面如图 8-25 所示。

　　图 8-25"移动面板"对话框中的操作说明如下:

　　(1)"操作"选项是用于选择操作的方法。

　　"定义":通过定义四边形的四个顶点来定义一组四边形曲面片。

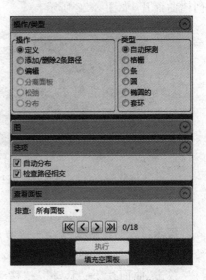

　　"添加/删除 2 条路径":用于添加或删除围成曲面片的路径,确保曲面片相对边所包含的路径相同,保证曲面片能够被均匀地划分。

　　"编辑":可以编辑顶点的位置以及升级或约束轮廓线。

　　"分离面板":将一个面板分离为两个面板。

　　"松弛":可使直网格线更加平直,弯曲网格线更加平滑。

　　"分布":使所选中区域内的网格线分布地更加规则。

图 8-25　"移动面板"操作界面

　　(2)类型选项是用于设置所操作的曲面片区域的类型。

　　"自动探测":自动探测所要操作的曲面片。

　　"格栅":探测由格栅组成的曲面片。

　　"条":探测由条状线组成的曲面片。

　　"圆":探测由圆组成的曲面片。

　　"椭圆的":探测由椭圆组成的曲面片。

　　"套环":探测由套环组成的曲面片。

　　(3)图:用于显示按"类型"选项所探测到的图形。

　　"自动分布":自动分布当前区域(橘黄色轮廓线围成的区域)内的曲面片。

"检查路径相交"：检查曲面片之间是否存在有重叠或不合理相交的黑色网格线。

"排查"：用于检测问题网格线。如图 8-25 所示，存在 18 处问题网格线，需按"操作/类型"中的相关操作进行改正。

"执行"：当选中要编辑的面板区域后，"执行"按钮被激活，单击该按钮，系统将自动根据设定的编辑条件对组成曲面片的网格进行重新排布，使其变得均匀。

"填充空面板"：单击该按钮，系统可以自动地用黑色网格填充原来没有网格的曲面片。

提示：区域顶点务必依次按顺序选取，所选区域顶点应尽量使区域趋近于矩形（有利于划分规则曲面片），选中的区域顶点将由绿色变为红色。轮廓线分段数 1 和 2 中所对应的两组数必须分别相等，如不相等，可通过"操作"→"添加/删除 2 条路径"操作编辑轮廓线分段数（选择该操作命令后单击轮廓线分段数将增加 2，按住 Ctrl 单击轮廓线分段数将减小 2）。

对于图 8-22 中所示的区域 1 曲面片相对规则，可通过"操作"→"编辑"操作继续进行修改，也可通过"操作"→"定义"和"类型"→"格栅"重新对曲面片布局进行规划。图 8-22 中所示的区域 3 曲面片相对不规则，进行"操作"→"编辑"操作，通过移动曲面片顶点修改曲面片边界线位置，将该区域曲面片调整规则。

提示：如图 8-22 所示，区域 3 中的曲面片为不规则分布，是围成该区域的轮廓线形状不规则所致，不能通过半自动移动曲面操作进行编辑。因此，操作者在划分轮廓线时，应尽可能地将各轮廓线所围成区域形成矩形区域，可方便进行"移动面板"操作，从而获取规则的曲面片。

单击"曲面片"→"松弛"操作，使曲面片边界线效果更好，曲面片及曲面片连接更加光滑。调整后的曲面片如图 8-26 所示。

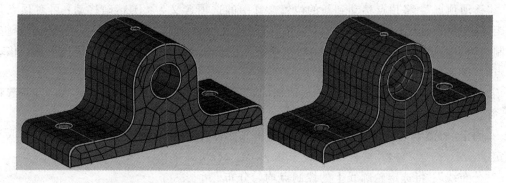

(a) 模型正面视图　　　　　　　　　　　　(b) 模型背面视图

图 8-26　调整后曲面片

单击"曲面片"→"修理曲面片"命令，在对话框"分析"中会显示出存在问题的曲面片的数量及问题原因，操作人员可通过"排查"确定问题曲面片位置及问题原因，进而使用编辑曲面片和修理曲面片两种方法对问题曲面片进行修改。问题解决后即可进行下一步操作。

"修理曲面片"对话框操作界面如图 8-27 所示。

图 8-27"修理曲面片"对话框包含"编辑曲面片"▨和"修理曲面片"▨两个页面，说明如下：

（1）"编辑曲面片"▨可以从全局和局部两种编辑方式移动所划分曲面片的顶点位置，从而编辑曲面片的形状。

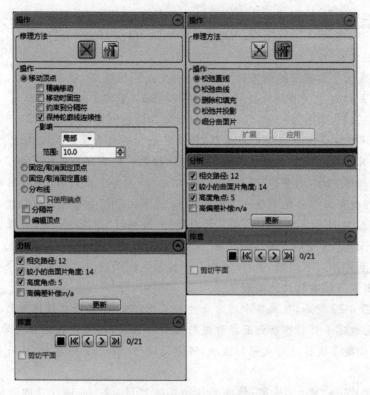

图 8-27 "修理曲面片"操作界面

"移动顶点"：将顶点移动到新的位置。其中的选项含义为：①精确移动：可对顶点移动距离进行精确控制；②移动时固定：选择该复选框将制约顶点的移动；③约束到分隔符：将制约顶点的运动,顶点必须约束在红色轮廓线的分隔符上；④保持轮廓线连续性：移动顶点时,保证轮廓线是连续联接的。

"固定/取消固定顶点"：可固定或取消固定顶点,使其不会和同一行的其他顶点一起移动,并且也不会受曲面片的影响。

"固定/取消固定直线"：可使固定线在相邻曲面片移动时保持原位置不变,也可取消固定。

"分布线"：将选定轮廓线上的控制点均匀分布。

（2）"分析"是将各曲面片中不同类型的问题进行分析、汇总。

"相交路径"：指一个交叉的路径引起了两个曲面片共同分布在同一区域。

"较小的曲面片角度"：曲面片包含明显的大于或小于 90°的不佳曲面片角度。

"高度交点"：它与不佳的曲面片角度相似,是由多个曲面片共享一个顶点造成的。

"高偏差补偿"：对所生成的偏差较大网格线进行补偿。

（3）"修理曲面片" ![icon]：对所构造的曲面片的错误进行修改。

"松弛直线"：通过松弛直线来使网格线更加平直。

"松弛曲线"：通过松弛曲线来使网格线更加平滑。

"删除和填充"：删除现有的曲面片或生成新的曲面片。

"松弛并投影"：松弛包含多条曲线的区域。

"细分曲面片"：在一个曲面片内创建一个更小的曲面片，并使之很好地与大曲面片相连接，以使曲面片划分更细。

"扩展"：在橘黄色轮廓线内向所选择曲面片四周扩展，增加所选择曲面片数量。

"应用"：在选中曲面片上应用修理方法。

5. 格栅处理

单击"格栅"→"构造格栅"命令，对每个曲面片进行格栅处理，将对话框中"分辨率"参数值更改为16。选中"修复相交区域"和"检查几何图形"复选框，以便对存在问题的格栅区域进行检查及修复。单击"确定"。得到如图8-28所示分辨率网格结构。

"构造格栅"对话框操作界面如图8-29所示。

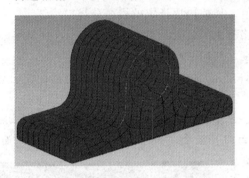

图8-28　分辨率网格结构　　　　　　　　图8-29　"构造格栅"操作界面

图8-29"构造格栅"对话框中操作说明如下：

（1）"分辨率"：将参数值设为 n 时，可在每一个曲面片上构造 $n \times n$ 个网格。较高的参数值，可以获得更高的分辨率，使曲面拟合阶段拟合出更好的细节特征，有利于创建更加精确的曲面。

（2）"修复相交区域"：修复由底层曲面片布局或三角网格面引起的相交问题。

（3）"检查几何图形"：进行问题检查。完成该功能后，无论是否存在不完善的区域，均可使用格栅将曲面位置固定。

提示：应用"构造格栅"命令时，系统在指定分辨率的前提下将每个曲面片构建成网络状的格栅，正常情况下为蓝色显示，如果出现红色格栅，需取消操作，并修复红色格栅所在曲面片，排除尖角（较小的曲面片角度）。然后重新构造格栅。

单击"格栅"→"修补"→"松弛格栅"命令，各个曲面片的高曲率或褶皱较多区域将变得比较光滑，有利于拟合出光滑的曲面。

6. 曲面拟合

单击"曲面"→"拟合曲面"命令，弹出拟合曲面对话框，拟合曲面操作包含适用性和常数两种拟合方法，其对话框如图8-30所示。

图8-30"拟合曲面"对话框中操作说明如下：

（1）"拟合方法"页面可设置进行曲面拟合的方法。

"适应性"：采用该拟合方法将自适应地设置每个曲面片内所使用的控制点的数量。

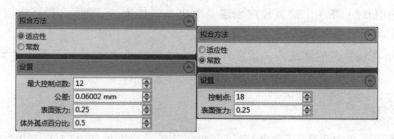

图 8-30　"拟合曲面"对话框

"常数"：采用该拟合方法将使用控制点为常数的曲面进行拟合。

（2）"设置"页面可对拟合的参数进行设置。

"最大控制点数"：指定控制点数的最大值。该值应比指定的格栅分辨率小 2。

"公差"：指定拟合后曲面相对多边形网格偏离的最大距离。

"表面张力"：用于调整曲面精度和平滑度之间的平衡。

"体外孤点百分比"：在拟合曲面公差允许的范围里，指定基本网格内可以超出公差的点的百分比。

提示：拟合曲面有适应性和常数两种拟合方法，如选择常数方法拟合曲面，所得曲面片数量较多，还需进行"合并曲面"操作，以减少曲面片数量。如选择适应性方法拟合曲面，系统将自动进行"合并曲面"操作，该方法可以减少操作步骤，但是曲面片数量比通过常数方法合并曲面操作后所得曲面片数量多。

在对话框中选择"常数"拟合方法，选用其默认参数值，单击"确定"，获取曲面。然后单击"曲面"→"合并曲面"→"自动的"命令，软件将自动把小曲面合并为若干大曲面，曲面片数由原来的 804 个减少到了 180 个，得到精简后的 NURBS 曲面，如图 8-31 所示。

图 8-31　NURBS 曲面

7. 偏差分析

单击"分析"→"偏差"命令，选择对话框中"应用"操作，将 NURBS 曲面与多边形对象进行偏差分析，得到偏差分析图，如图 8-32 所示。

在完成偏差分析的同时，软件还自动生成了相关统计信息，如图 8-33 所示。

提示：标准偏差（也被称为标准差或者实验标准差）是方差的算术平方根，标准偏差能反映一个数据集的离散程度。RMS（Root Meam Square）是均方根值，也可称为有效值，可以反映测量数据的可靠性。

如图 8-33 所示，标准偏差和 RMS 较小，因此生成的 NURBS 曲面与原多边形模型的拟合程度较高。由最大距离和平均距离数值可知，生成的 NURBS 曲面的精度较原始多边形数据误差小，满足设计要求。

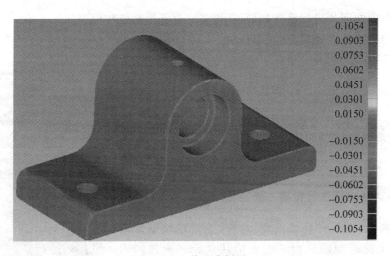

图 8-32　偏差分析图

8. 输出 NURBS 曲面

完成创建 NURBS 曲面后,就可以导出曲面数据到 CAD 软件中进行编辑。选中"模型管理器"中的曲面对象,单击右键,选择"保存"命令,即可将曲面保存为"∗.iges"、"∗.stl"等通用格式文件。

如果计算机上同时安装有 Geomagic Design Direct 正逆向混合建模软件等软件,则可直接单击"输出"→"发送到"命令,直接将曲面导入并进行再设计,如图 8-34 所示。

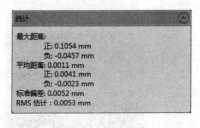

图 8-33　偏差统计

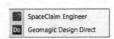

图 8-34　"发送到"界面

8.3.2　探测曲率方法实例

目标:介绍探测曲率操作方法及注意事项,将多边形模型通过探测曲率方法,生成合理的轮廓线,并进行网格划分,创建出规则的、合适形状的、效率高的曲面片,然后对每个曲面片进行格栅处理,获得分辨率网格结构模型,最后将模型拟合为精确 NURBS 曲面,并以"∗.iges"格式输出。

本实例主要有以下几个步骤:

(1) 导入男性头部多边形模型;

(2) 探测多边形模型曲率,生成曲率线;

(3) 对曲率线进行编辑;

(4) 依据曲率线创建曲面片;

（5）将每个曲面片进行格栅处理，获得多分辨率网格结构模型；

（6）将网格结构模型拟合，获取精确 NURBS 曲面；

（7）将 NURBS 曲面输出。

1. 将 Geomagic Studio 切换到精确曲面编辑界面

模型在多边形阶段编辑完成后或导入多边形模型后，在选项卡里选择"精确曲面"，便可对多边形模型开始进行精确曲面编辑，其中男性头部多边形模型如图 8-35 所示。

2. 对多边形模型进行精确曲面操作

首先选择"开始"→"精确曲面"命令，会发现模型管理器中的男性头部模型图标由三棱锥形状变为非洲鼓的形状，表明模型当前为精确曲面对象。

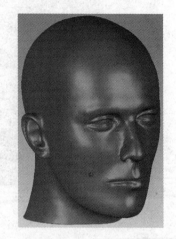

图 8-35　男性头部多边形模型

3. 提取曲率线

单击"轮廓线"→"探测曲率"命令，弹出对话框如图 8-36 所示。

提示："自动估计"是让软件根据模型的复杂程度自动判断轮廓线的生成，也可以取消选中"自动估计"，在"目标"项中填写想要生成的轮廓线的条数。"曲率级别"决定了最高曲率线的临界值，该值越小，最高曲率线的临界值就越小（即橘黄色轮廓线出现的可能性越大）。

选择"粒度"→"自动评估"，"曲率级别"为 0.3，选择"简化轮廓线"。单击"确定"按钮，得如图 8-37 所示曲率线。

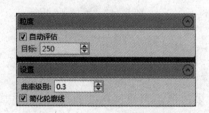

图 8-36　"探测曲率"对话框

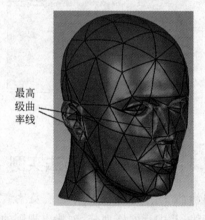

最高级曲率线

图 8-37　生成曲率线

提示：图 8-37 中橘黄色轮廓线为模型的最高级曲率线（亦可称为最高级轮廓线）。最高级曲率线的位置不合适，会影响生成的曲面片分布，需对其进行"降级"处理。

图 8-36"探测曲率"对话框中操作说明：

（1）"粒度"：指探测曲率时黑色线框将物体划分为网格的数目。

（2）"自动估计"：当选中"自动估计"复选框时，由系统自动决定黑色曲率线划分的网格数目。

(3)"目标"：人为地确定黑色曲率线所划分的网格数目，便于用户定量分析。

(4)"设置"：用于设置探测曲率的参数。

(5)"曲率级别"：在探测曲率时，探测橘黄色曲率线的不敏感性，所设的曲率级别越小，对曲率变化越明显，探测出的橘黄色轮廓线越多。

(6)"简化轮廓线"：可以简化生成的曲率线。

单击"轮廓线"→"升级约束"命令，将橘黄色曲率线进行"降级"（按住 Ctrl＋鼠标左键单击要降级曲率线）或单击"轮廓线"→"升级约束"→"降级所有轮廓线"操作，得如图 8-38 所示编辑后曲率线。

"升级约束"对话框操作界面如图 8-39 所示。

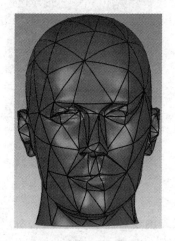

图 8-38 降级后曲率线

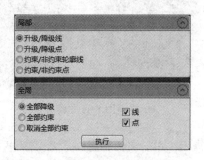

图 8-39 "升级约束"操作界面

图 8-39"升级约束"对话框操作说明如下：

(1)"局部"：用于对局部的曲率线进行操作。

"升级/降级线"：对曲率线进行升级或降级操作。升级操作是鼠标左键单击要升级的曲率线（曲率线由黑色变为橘黄色），降级操作是按住 Ctrl 同时鼠标左键单击要降级的曲率线（曲率线有橘黄色变为黑色）。

(2)"全局"：用于对全部的曲率线进行操作。

"全部降级"：将所有的最高级曲率线降级。

"取消全部约束"：将所有的点或线取消约束。

单击"移动曲率线"命令，进行曲率线编辑，构建出合适的曲率线。弹出对话框如图 8-40 所示。

图 8-40"移动曲率线"对话框中操作说明如下：

(1)细分路径：创建新的曲率线，将所选曲率线等分。

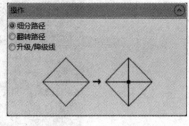

图 8-40 "移动曲率线"对话框

(2)翻转路径：将曲率线旋转。

(3)升级/降级线：将曲率线进行升级或降级操作。

提示：该模型为左右对称模型，所以将最高级曲率线设置在模型中间，以便获取规则的曲面片。如图 8-38 所示，模型中间位置缺少曲率线，不能直接选择曲率线升级为最高曲率线。因此需要通过"移动曲率线"命令,在模型中间位置编辑出曲率线,然后将其升级为最高曲率线。

选择"细分路径"操作,鼠标左键单击要细分的曲率线,将在细分的曲率线中间位置生成新的曲率线。经过若干"细分路径"操作后,生成新的曲率线如图 8-41 所示。

选择"升级/降级线"操作,将模型中间位置(近似位置即可)曲率线升级为最高级曲率线,如图 8-42 所示。

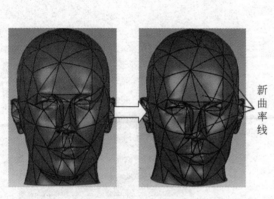

图 8-41　新曲率线

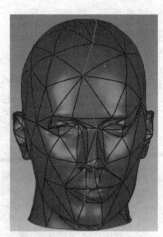

图 8-42　升级曲率线

提示:在本实例编辑曲率线过程中,因中间理想最高曲率线位置缺少曲率线,所以需要操作人员进行手动绘制,绘制曲率线后,对曲率线进行升级操作,要注意最高曲率线应是封闭的。

4. 创建曲面片

单击"曲面片"→"构造曲面片"命令,选择"自动估计"操作,单击"确定"按钮,得到如图 8-43 所示曲面片布局图。

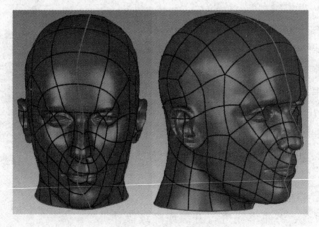

图 8-43　创建曲面片

提示：该模型自由曲面较多，曲率变化明显，如划分为大小均匀曲面片，可能会导致部分局部特征拟合失真，因此不适合使用"使用当前细分"和"指定曲面片计数"方法进行人为干预构建曲面片。

单击"移动"→"移动面板"命令，在"操作/类型"中的"操作"栏中选择"编辑"选项，然后将最高级曲率线的端点移动到想要的位置。移动后的位置应该如图 8-44 所示。

提示：移动轮廓线端点时要注意两点：①轮廓线不可以相交；②尽量使最高级曲率线处于曲率最高的位置，有利于生成质量较好的曲面片。

5. 格栅处理

单击"格栅"→"构造格栅"命令，对每个曲面片进行格栅处理，对话框中"分辨率"参数值保持 20 不变。选中"修复相交区域"和"检查几何图形"复选框，以便对存在问题的格栅区域进行检查及修复。单击"确定"按钮。得到如图 8-45 所示多分辨率网格结构。

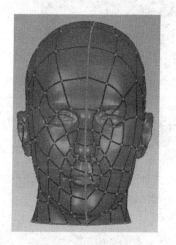

图 8-44 移动后效果

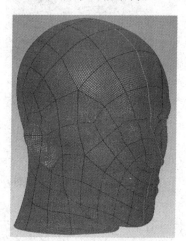

图 8-45 分辨率网格结构

从图 8-45 中可以看出，模型的一些细小特征没有能够表达出来，如耳朵。所以重新进行"构造格栅"操作，将对话框中"分辨率"参数值改为 40。单击"确定"按钮。细小特征部分格栅变化如图 8-46 所示。

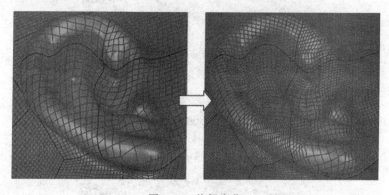

图 8-46 格栅变化

提示：增加分辨率参数值可以使分辨率网格更好地表达出曲面片模型特征，但是分辨率过大，计算机将进行大量的运算，增加操作时间，降低工作效率，因此操作人员在设定参数值时只要将特征表达清楚即可。

新的分辨率网格结构如图 8-47 所示。

6. 曲面拟合

单击"曲面"→"拟合曲面"命令，在对话框中选择"常数"拟合方法，选用其默认参数值，单击"确定"，获取曲面。然后单击"曲面"→"合并曲面"→"自动的"命令，曲面片数由原来的 186 个减少到了 41 个，得到精确的 NURBS 曲面，如图 8-48 所示。

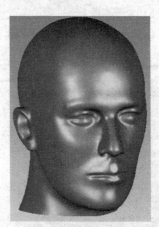

图 8-47　新分辨率网格结构　　　　图 8-48　NURBS 曲面

7. 偏差分析

单击"分析"→"偏差"命令，选择对话框中"应用"操作，将 NURBS 曲面与多边形对象进行偏差分析，得到偏差分析图，如图 8-49 所示。

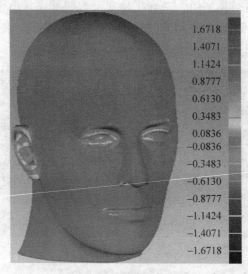

图 8-49　偏差分析图

提示：由图 8-49 所示，探测曲率方法创建的曲面对于部分细小特征（如耳朵、眼睛等）创建的曲面误差偏大，是因为该区域曲面片数量较少，表达的特征形状不完全。但是探测曲率方法所创建的曲面片数量少，运行该曲面时所需内存空间小，有利于导入到其他软件进行操作。

8．输出 NURBS 曲面

完成创建 NURBS 曲面后，就可以导出曲面数据到 CAE 软件中进行编辑。选中"模型管理器"中的曲面对象，单击右键，选择"保存"命令，即可将曲面保存为"＊.iges""＊.stl"等通用格式文件，或直接通过"发送到"命令，将模型导入到其他软件进行操作。

8.3.3　自动曲面化方法实例

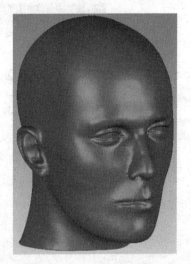

图 8-50　男性头部多边形模型

目标：介绍自动曲面化操作方法及注意事项，将多边形模型转化为 NURBS 曲面，并以"＊.iges"格式输出。

本实例主要有以下几个步骤：

（1）导入男性头部多边形模型；

（2）执行自动曲面化操作，将多边形模型转化为 NURBS 曲面；

（3）将 NURBS 曲面输出。

1．将 Geomagic Studio 切换到精确曲面编辑界面

模型在多边形阶段编辑完成后或导入多边形模型后，在选项卡里选择"精确曲面"，便可对多边形模型开始进行精确曲面编辑，其中多边形模型如图 8-50 所示。

2．对多边形模型进行精确曲面操作

首先选择"开始"→"精确曲面"命令，会发现模型管理器中的男性头部模型图标由三棱锥形状变为非洲鼓的形状，表明模型当前为精确曲面对象。

3．自动曲面化

单击"自动曲面化"命令，弹出对话框如图 8-51 所示。

选择"几何图形类型"→"有机""曲面片计数"→"自动评估""曲面拟合"→"常数""选项"→"交互模式"操作选项。然后单击"应用"按钮，软件开始自动进行创建曲面。

图 8-51"自动曲面化"对话框中的操作说明如下：

（1）"机械"：选中该操作选项进行自动曲面化，系统将自动进行八个阶段的操作，各阶段分别为：计算轮廓线 1；计算轮廓线 2；优化轮廓线；延伸相切曲面片；填充所有面板；构造格栅；修复格栅；构造 NURBS 曲面。该操作适用于较规则模型的自动曲面化。

（2）"有机"：选中该操作选项进行自动曲面化，系统将自动进行十个阶段的操作，各阶段分别为：计算轮廓线 1；计算轮廓线 2；计算轮廓线 3；优化轮廓线；松弛轮廓线；构造曲面片边界1；构造曲面片边界2；构造格栅；修复格栅；构造 NURBS 曲面。该操作适用于非规则模型的自动曲面化。

在自动曲面化过程中可能出现一些问题，软件将进行提示，如图 8-52 所示。

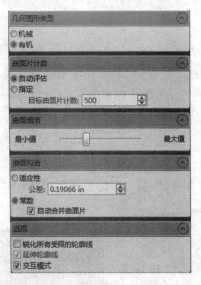

图 8-51   "自动曲面化"对话框   图 8-52   问题提示

提示：操作人员可选择"是"，进行手动编辑，也可选择"否"，软件将自动修改问题，并生成 NURBS 曲面。

单击"否"，软件自动生成最终 NURBS 曲面，如图 8-53 所示。

4. 偏差分析

单击"分析"→"偏差"命令，选择对话框中"应用"操作，将 NURBS 曲面与多边形对象进行偏差分析，得到偏差分析图，如图 8-54 所示。

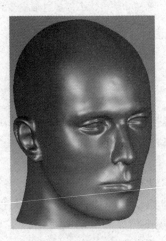

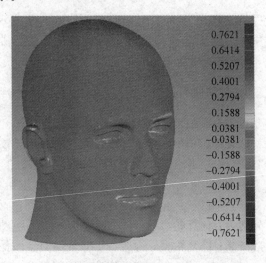

图 8-53   NURBS 曲面   图 8-54   偏差分析图

5. 输出 NURBS 曲面

完成创建 NURBS 曲面后,就可以导出曲面数据到 CAD 软件中进行编辑。选中"模型管理器"中的曲面对象,单击右键,选择"保存"命令,即可将曲面保存为"∗.iges""∗.stl"等通用格式文件,或直接通过"发送到"命令,将模型导入到其他软件进行操作。

提示:使用"自动曲面化"命令构建 NURBS 曲面,操作简单,可快速创建模型的 NURBS 曲面。但该方法生成的曲面片分布不规则,数量较多,为 902 个,所占据存储空间较大,不利于导入其他软件继续进行编辑。

第9章

Geomagic Studio参数曲面阶段处理技术

9.1 参数曲面阶段概述

参数曲面是一组具有尺寸大小、约束关系的曲面经裁剪、缝合后形成的曲面。首先根据模型表面的曲率变化生成分隔符，并对分隔符进行编辑，划分模型的主区域和连接区域，通过将主区域进行分类，识别出模型的不同特征(特征可分为规则特征和非规则特征，其中规则特征包括平面、圆柱等，非规则特征包括自由曲面等)，然后将各特征进行拟合，生成参数化主曲面。通过参数化主曲面表达模型特征，同时将连接区域拟合，生成连接曲面。最后将所生成的主曲面和连接曲面进行裁剪、缝合，形成连续、封闭的参数化曲面模型。

参数曲面阶段操作流程如图 9-1 所示。在逆向建模过程中，可以将一些特定区域识别为带有参数的特征，常见的参数化特征包含平面、拉伸面、圆柱面、球面、圆锥面等。为了将这些容易参数化的几何体从参照体中抽取出来，我们需要对多边形对象进行轮廓的探测，以及划分。针对合适的曲面，便可以通过将区域分类为平面、拉伸、圆柱、球、圆锥、放样、自由曲面和扫掠等特征表达出来，体现初始设计意图；同时我们还可以得到定义这些特征的内在参数，如线段的长度、圆角的半径等。而余下的曲面则可以采用自由曲面进行拟合，当然我们还可以给定拟合曲面的精度和光顺度要求。之后，对提取出来的特征曲进行裁剪、缝合，便能得到一个闭合的曲面，从而生成实体模型。在此基础之上，还可以通过修改特征参数的方式进行模型更改，并添加新的细节特征来进行重新造型。

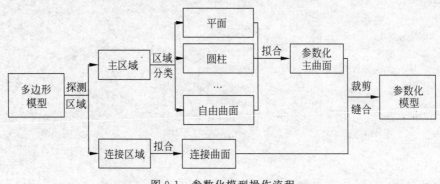

图 9-1 参数化模型操作流程

多边形模型对象首先通过探测区域生成分隔符,分隔符区域所围成的区域为主区域,分隔符区域为连接区域。

通过区域分类,将各主区域定义为平面、圆锥、圆柱、球、放样、拉伸、自由曲面和扫掠等特征,体现设计意图,进而更好地表达模型。

多边形模型对象区域分类后,即可根据区域特征进行曲面拟合,生成具有参数化功能的 NURBS 曲面,并且以圆角、尖角或自由曲面结合的形式拟合连接区域。

经参数曲面阶段处理所得参数化 NURBS 曲面能以"＊.igs"或"＊.iges"等通用格式文件输出;也可以将参数化 NURBS 曲面通过参数转换器,导入到正向软件进一步编辑;还可以将各曲面进行裁剪、缝合操作,作为 CAD 模型输入到正逆向混合建模软件(例如: SpaceClaim 等)。

9.2　参数曲面阶段的主要操作命令

参数曲面阶段包含"开始""区域""主曲面""连接""分析""输出""转换"七个操作组,如图 9-2 所示。

图 9-2　参数曲面阶段操作工具界面

1."开始"操作组

"开始"操作组包含"参数曲面" 操作,"参数曲面"是将多边形对象转化到参数曲面阶段,并激活其余操作模块。

2."区域"操作组

"区域"操作组操作界面如图 9-3 所示,所包含的操作工具有:

图 9-3　"区域"操作组界面

(1)"探测区域" :系统根据曲率敏感度等参数设置,在模型不同几何形状的区域之间生成红色分隔符,并调整这些区域分隔符,然后在分隔符中抽取黄色轮廓线。

(2)"编辑轮廓线" :对分隔符自动生成的轮廓线进行进一步修改,该命令的操作目标是得到能够准确、完整地表达模型轮廓的线框。

(3)"区域分类" :定义所选区域的曲面类型。软件可自动进行分类,也可将所选区域人为指定为平面、圆柱体、圆锥体等规则形状或自由形态等非规则形状。

(4)"模板" :在类似对象上重复使用拟合曲面布局的命令。可进行创建模板和投影模板操作。

创建模板:将现有对象的曲面片布局作为元素保存在模型管理器内,以留待稍后使用。

投影模型:将在模型管理器内找到的模板对象应用于当前操作对象。

（5）编辑区域 ：通过调节敏感度的高低，对区域面积大小进行自动调整，或使用选择工具，手动对区域边界进行编辑。

图9-4　"主曲面"操作组界面

3. "主曲面"操作组

"主曲面"操作组操作界面如图9-4所示，所包含的操作工具有：

（1）"拟合曲面" ：模型区域划分完成后，将所选区域拟合成一定类型的参数化曲面。

（2）"编辑曲面" ：通过修改约束或重新拟合草图，对已生成的拟合曲面进行编辑。

（3）"编辑草图" ：在2D草图中对生成曲面的草图线段（如直线、圆弧等）进行修改或创建。

（4）"重新拟合草图" ：可通过曲线、参考多义线和点三种编辑模式，对拟合平面、旋转曲面、扫掠曲面等拟合曲面的二维轮廓线进行修改。

提示：一次只能编辑一种类型拟合曲面的二维轮廓线。如果进行该操作，将丢失手动编辑草图中的结果。

（5）"约束" ：可使已拟合的曲面共享方向、圆心等，或者重新拟合曲面，还可以定义模型的三维特征（例如平面、圆柱等）以及创建系统轴。

（6）"删除" ：删除拟合曲面并保留区域分类的命令。可进行删除选择的曲面、删除全部曲面和重设拟合参数三种操作。

删除选择的曲面：删除操作人员已选中的拟合曲面，仍保留原区域分类。

删除全部曲面：删除全部的拟合曲面，仍保留原区域分类。

重设拟合参数：在已删除拟合曲面的区域上重设滞留的自定义拟合参数。

图9-5　"连接"操作组界面

4. "连接"操作组

"连接"操作组操作界面如图9-5所示，所包含的操作工具有：

（1）"拟合连接" ：选择两片或两片以上将要进行匹配的主曲面，系统可自动识别连接类型，在各主曲面之间生成参数化的连接曲面。

（2）"分类连接" ：对连接曲面的类型进行定义。可进行自动分类、自由形态、恒定半径和尖角四种定义连接曲面类型的操作。

"自动分类" ：将所选的连接曲面自动的进行分类，可定义为恒定半径、尖角或自由形态等不同类型曲面。

"自由形态" ：将所选的连接曲面定义为自由形态曲面。

"恒定半径" ：将所选的连接曲面定义为半径相等曲面。

"尖角" ：将所选的连接曲面进行锐化处理，形成90°尖角。

（3）"编辑连接" ：通过调整控制点、张力等参数，对已拟合的连接曲面进行编辑，重新拟合出理想的连接曲面。

　　（4）"删除" ：删除连接曲面并保留链接区域分类的命令。可进行删除选择的连接、删除全部连接和重设拟合参数三种操作。

　　删除选择的连接：删除操作人员已选中的连接曲面，仍保留原区域分类。

　　删除全部连接：删除全部的连接曲面，仍保留原区域分类。

　　重设拟合参数：在已删除连接曲面的区域上重设滞留的自定义拟合参数。

5. "分析"操作组

　　"分析"操作组操作界面如图 9-6 所示，所包含的操作工具有：

　　（1）"偏差" ：将生成的拟合曲面与多边形网格进行对比，生成一个以不同颜色区分不同偏差的 3D 颜色分布图。

　　（2）"格栅半径" ：系统自动测量模型主区域间圆角连接区域半径大小。

　　（3）"修复曲面" ：查询拟合曲面的问题并进行修复。

6. "输出"操作组

　　"输出"操作组操作界面如图 9-7 所示，所包含的操作工具有：

图 9-6　"分析"操作组界面　　　　　图 9-7　"输出"操作组界面

　　（1）"裁剪并缝合" ：对拟合曲面进行裁剪、缝合操作，生成可以以多种 CAD 格式导出的模型。

　　（2）"参数交换" ：在 Geomagic Studio 软件和支持的 CAD 工具包之间交换参数化实体。

7. "转换"操作组

　　"转换"操作组包含"转为多边形" 操作，"转为多边形"是将参数曲面阶段的模型转化为多边形模型。

9.3　Geomagic Studio 参数曲面阶段应用实例

　　参数曲面阶段可通过探测区域方法获得参数化曲面。探测区域方法适用于特征较规则的模型创建参数化曲面。当区域划分完成后，可将区域进行分类（如平面、圆柱、自由曲面等），有利于提取原始设计意图，更好地创建参数化曲面模型。

　　参数曲面阶段提供了三种输出方式：①通过参数交换，将 Geomagic Studio 软件通过工具包和所支持的 CAD 软件交换参数化实体；②将各曲面经裁剪并缝合后，生成已缝合的 CAD 模型，通过发送到命令，将 CAD 模型输出至 SpaceClaim（现已更名为 Geomagic Design Direct）等正逆向混合建模软件；③经参数曲面阶段处理所得参数化 NURBS 曲面能以"＊.igs"或"＊.iges"等通用格式文件输出。

本节通过实例讲解探测区域方法获取参数曲面操作流程及注意事项，以及通过该实例分别讲解"发送到"和"参数交换"两种操作命令将模型输出的操作流程及注意事项。

9.3.1 "发送到"逆向建模软件实例

目标：将多边形模型通过探测区域方法，合理的进行区域划分，提取出轮廓线，规划出主区域和连接区域，然后对每个主区域进行拟合曲面片，获得主曲面，同时将主曲面进行拟合连接操作，生成连接曲面，最后将主曲面和连接曲面进行裁剪、缝合，创建出连续、封闭的 CAD 模型曲面，并通过"发送到"命令输出至其他正逆向混合建模软件（例如：SpaceClaim 软件等）建模。

本实例主要有以下几个步骤：

（1）导入底座多边形模型；

（2）按多边形模型形状进行区域探测；

（3）依据轮廓线进行区域划分，规划主区域和连接区域；

（4）将每个主区域进行拟合，同时将生成的主曲面进行拟合连接，获得各特征的参数曲面；

（5）将各参数曲面进行裁剪、缝合，获取 CAD 模型曲面；

（6）将参数曲面输出。

1. 将 Geomagic Studio 切换到参数曲面编辑界面

模型在多边形阶段编辑完成后或导入多边形模型后，在菜单栏里选择"参数曲面"，便可对多边形模型开始进行参数曲面编辑，其中底座多边形模型如图 9-8 所示。

2. 对模型进行参数曲面操作

首先选择"开始"→"参数曲面"命令，会发现模型管理器中的底座模型图标三棱锥形状发生变化，表明模型当前为参数曲面对象，如图 9-9 所示。

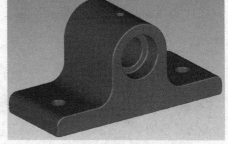

图 9-8　底座多边形模型

提示：在图形区域左下角可以观察到该多边形包括 599982 个三角形，曲面数为 0，连接数为 0，转角数为 0，所以要逐步地构造出曲面。

3. 探测区域

选择"区域"→"探测区域"命令，弹出对话框，如图 9-10 所示。

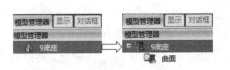

图 9-9　获取参数曲面对象

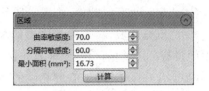

图 9-10　"探测区域"对话框

提示：本节所述探测区域与精确曲面阶段探测轮廓线和探测曲率方法在参数设置方面没有改变，但是操作目的不同。探测区域方法是为获取模型不同特征而创建分隔符。其中，探测轮廓线是为获取模型大致轮廓形状而创建分隔符；探测曲率是为获取曲率变化较大处曲率线而创建分隔符。

不改动各选项的默认设置值，单击"计算"命令，生成分隔符，如图 9-11 所示。

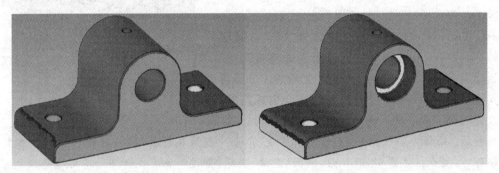

(a) 模型正面视图　　　　　　　　　　(b) 模型背面视图

图 9-11　生成分隔符

生成分隔符后，"编辑"命令激活，通过"合并区域"操作，对精确曲面对象进行分隔符编辑，然后单击"删除岛"和"删除小区域"操作，创建更加合理的分隔符，如图 9-12 所示。

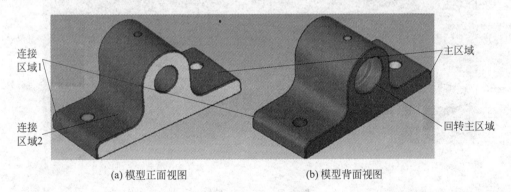

(a) 模型正面视图　　　　　　　　　　(b) 模型背面视图

图 9-12　合并后分隔符

"编辑"对话框操作界面如图 9-13 所示。

图 9-13"编辑"对话框中操作说明如下：

（1）"删除岛"　：删除分隔符中非闭合并且与其他分隔符部分无连接区域的分隔符。

图 9-13　"编辑"操作界面

（2）"删除小区域" 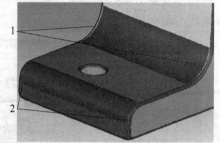：删除分隔符中比较小的区域。

（3）"填充区域" ：当探测出的区域在两分隔符中间时，如不必要出现这种情况，可单击中间没有分隔符的区域，这时这个区域就会被分隔符覆盖，不再成为单独的区域。

（4）"合并区域" ：合并相隔的两个封闭的分隔符区域。单击此按钮后，选择要合并的两个相邻区域，拖动光标完成合并。

（5）"只查看所选" ：仅查看选择的区域。

（6）"查看全部" ：当处于"只查看所选"状态时，可以查看全部的区域。

（7）"选择工具尺寸"：设定选择工具的尺寸大小，选择范围是1～20，所设置的数值越大，尺寸就越大。

合并区域后，如图9-12所示，在连接区域1和连接区域2处添加分隔符，在图形显示区域右侧的选择工具中选择"直线选择工具" ，在连接区域一侧按住Shift键同时按住鼠标左键拖拉，至连接区域另一侧松开，通过绘制分隔符来表达连接区域。绘制分隔符时可能出现如下问题：①新绘制分隔符与其他分隔符不连续；②分隔符边界会出现残缺，导致分隔符区域形状不规则。如图9-14所示。

图9-14　问题分隔符

提示：绘制分隔符操作是在"探测区域"命令中经区域计算后，才可进行编辑。在绘制分隔符时，显示区域右侧，有矩形、椭圆、直线、画笔、套锁和多义线六种预定义选择工具可以使用。区域颜色是用来便于显示不同区域，与分隔符的绘制无关。

针对图9-14中的问题1、2，在图形显示区域右侧的选择工具中选择"画笔选择工具"，按住鼠标左键，即可在空缺区域填补所缺分隔符。所得正确分隔符如图9-15所示。

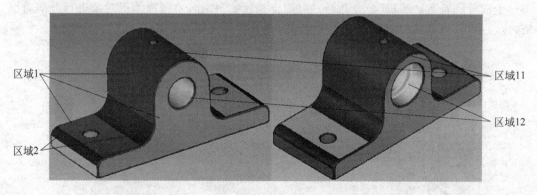

(a) 模型正面视图　　　　　　　　　　　(b) 模型背面视图

图9-15　正确分隔符

提示：编辑分隔符的目的是为了合理划分区域，如图9-15所示，图中区域1为主区域，用来表达模型的各部分特征（该模型特征包括平面、圆柱、拉伸面），其中区域11为拉伸主区域，区域12为旋转主区域，图中区域2为连接区域，用于生成连接各主曲面的连接曲面，保证光滑连接或尖角连接。

然后单击"轮廓线"→"抽取"命令，生成轮廓线，如图9-16所示。

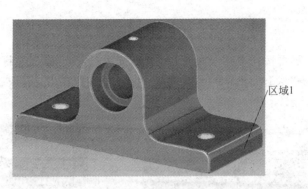

图 9-16 生成轮廓线

选择"区域"→"编辑轮廓线"命令,选择"绘制"操作,调整轮廓线位置。所得轮廓线位置如图 9-17 所示。

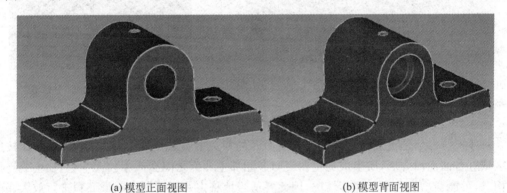

(a) 模型正面视图　　　　　　　　　　(b) 模型背面视图

图 9-17 编辑后轮廓线

提示：保证轮廓线的位置准确对于创建高质量参数曲面具有重要意义。编辑轮廓线的具体操作在第 6 章精确曲面中已详细介绍,此处不再详细介绍。

如图 9-16 所示,连接区域显示为灰色,主区域显示为彩色,且不同类型的主区域显示颜色不同,如主区域类型自动识别有误,可通过"区域分类"操作进行修改,"区域分类"操作界面如图 9-18 所示。

提示：如图 9-18 所示,不同类型的区域会通过不同的颜色表示,便于操作人员直观地分辨不同区域类型,例如：绿色区域代表平面,黄色区域代表圆柱,金黄色区域代表拉伸。如某一区域颜色不是理想特征的代表颜色,可先选中该区域,然后单击"区域分类"操作中的对应形态特征,即可重新定义该区域特征。

图 9-18 "区域分类"操作界面

如图 9-16 所示,其中区域 1 显示为粉色,该区域应为平面,显示为绿色,因此,需要定义该区域类型。首先,在区域 1 中单击鼠标左键,选中区域 1,然后选择"区域分类"→"平面",编辑后区域特征如图 9-19 所示。

4. 拟合曲面

选择全部主区域(可按住 Ctrl＋A 选取,也可按住 Shift＋鼠标左键单击要选取的主区域),选择"主曲面"→"拟合曲面"命令,弹出对话框,如图 9-20 所示,取默认值,单击"应用"命令。

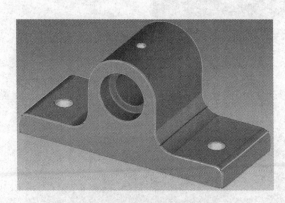

图 9-19　编辑后区域特征

图 9-20　"拟合曲面"对话框

图 9-20"拟合曲面"对话框中操作说明如下:

一般拟合参数是设置根据区域拟合曲面时的相关参数。主要是设置放大参数,如按原主区域进行曲面拟合后,所生成的主曲面与各相邻主曲面之间会产生较大空隙,在生成连接曲面时,可能会出现曲面不连续情况,因此要适当地将主曲面根据主区域面积进行放大。

(1)"放大％":使拟合后所获得曲面根据拟合前主区域大小进行一定值放大。

扫掠拟合参数是通过设置曲线参数,更好地进行扫掠主曲面拟合。扫掠主曲面包括拉伸主曲面、旋转主曲面等。

(2)"曲线参数"主要包含"曲线类型"和"拟合类型"。

"曲线类型":定义生成扫掠曲面时,曲线的类型,包含"线/弧"和"样条"。"线/弧"选项是指生成扫掠曲面的曲线由线段和弧线组成,"样条"是指生成扫掠曲面的曲线由样条线组成。

"拟合类型":从"全局"或"局部"的角度进行曲面拟合。"局部"选项是指以拟合区域及其相邻区域为参考进行拟合,可进行捕捉到水平/垂直线操作。"全局"选项是指以整个模型区域为参考进行拟合。

(3)"诊断"是对模型进行检查,通过添加错误标签显示问题。

(4)"警告阀值"是设置偏差参数,显示拟合后超过该参数的曲面(以曲面拟合失败的形式显示)。

(5)"失败"是显示拟合失败的曲面。

经"拟合曲面"后,生成各主曲面,如图 9-21 所示。

提示:在图形区域左下角可以观察到拟合曲面由 0 变为 12,未拟合曲面由 12 变为 0,表明已拟合 12 个主曲面,如拟合曲面操作后,未拟合曲面数为非 0,那表明还存在未拟合区域,操作人员应当查找未拟合区域,完成全部主曲面的拟合。

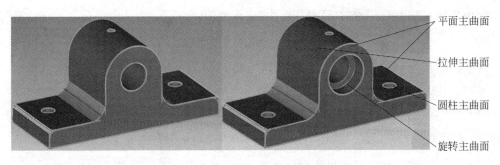

平面主曲面

拉伸主曲面

圆柱主曲面

旋转主曲面

图 9-21　主曲面

单击"确定"按钮,退出拟合曲面对话框。

选中任一圆柱主曲面,"主曲面"操作组中"编辑曲面"命令激活,单击该命令,弹出对话框如图 9-22 所示。

图 9-22"编辑曲面"对话框中操作说明如下:

(1)"约束源"是指定一个约束方法,将所选择的拟合曲面与已有的几何对象进行匹配。包括:"最佳拟合""用户定义""系统轴""区域"和"特征"。

"最佳拟合" ：将拟合曲面与该区域多边形对象形状相关参数进行匹配。

"用户定义" ：将拟合曲面与用户指定的表面相关参数进行匹配。

"系统轴" ：将拟合曲面与系统坐标轴相关参数进行匹配。

"区域" ：将拟合曲面与用户指定的区域特征相关参数进行匹配。

"特征" ：将拟合曲面与源特征相关参数进行匹配。

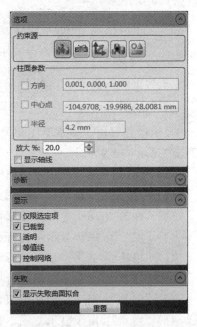

图 9-22　"编辑曲面"对话框

(2)"柱面参数"是用于显示当前编辑曲面类型的相关参数,如选择的主曲面为平面主曲面,则该部分将显示平面参数。

(3)"诊断"是对模型进行检查,通过添加错误标签显示问题。

(4)"显示"是用于调整图形区域是否显示等值线、控制网格等。

(5)"失败"是显示拟合失败的曲面。

(6)"重置"是取消已编辑曲面的操作,重新进行设置。

单击"选项"→"约束源"→"系统轴",在源轴选项中选择 Z 轴,将圆柱面的轴线与系统 Z 轴进行平行约束。单击"应用"按钮,然后,逐一选择其他圆柱主曲面进行编辑。

提示:此操作之所以选择 Z 轴,是因为该多边形的系统坐标轴 Z 轴与圆柱主曲面的中心轴平行,选择 Z 轴对曲面进行约束,可以保证圆柱主曲面与多边形底面的垂直度。

选中旋转主曲面,单击"选项"→"约束源"→"系统轴",在源轴选项中选择 Y 轴,单击"应用"按钮,将旋转主曲面的回转轴与系统 Y 轴进行平行约束。然后单击"确定"按钮,退出"编辑曲面"对话框。

　　选中旋转主曲面时，"主曲面"操作组中"编辑草图"命令激活，单击该命令，弹出"编辑草图"阶段，其操作工具界面如图 9-23 所示。

图 9-23　编辑草图阶段操作工具界面

图 9-23"编辑草图"阶段中操作说明如下：

1)"定向"操作组

(1)"定向草图" 是通过最佳拟合、两个点和直线方法，将草图线段进行水平和垂直约束，也可通过旋转 90°和重置方法，重新定位草图在显示区域位置。

(2)"重新拟合草图" 是将现有草图删除，重新拟合草图线段。

2)"显示"操作组

显示操作组用于显示草图相关信息，包括曲线、点、尺寸等要素。选中对应要素，即可在草图中显示该要素。

(1)"曲线"：用于显示草图曲线。

(2)"点"：用于显示进行草图拟合的点。

(3)"标签"：用于显示线段属性，如直线将显示水平或垂直。

(4)"尺寸"：用于显示可进行编辑的线段尺寸。

(5)"格栅线"：用于显示进行草图拟合时所用格栅线。

(6)"忽略点"：用于显示进行草图拟合时忽略的点。

(7)"偏差"：用于显示草图拟合后与原位置点的偏差大小，并且以色谱图的形式显示。

(8)"切点"：用于显示草图中有相切关系的位置。

(9)"开放端点"：用于显示草图中不闭合的端点，以绿色点显示。

3)"编辑"操作组

编辑操作组用于对草图进行编辑，不仅可以对自动拟合的草图线段进行编辑，而且可以重新绘制线段。

(1)"直线"：可以进行直线绘制，也可以重新拟合直线。

(2)"正切弧"：可以绘制正切圆弧、3 点圆弧和 3 点圆，也可以重新拟合圆弧和圆。

(3)"简单圆角"：可以绘制圆角，也可以重新拟合圆角。

(4)"裁剪"：对相交直线进行裁剪，删除多余线段或将相交线段在相交点处分割。

(5)"移除倒角"：将倒角移除，使线段相交。

4)"退出"操作组

"退出"操作组包括"完成草图"和"取消"两个操作命令。单击"完成草图"，即可保留对原草图的操作过程，然后退出。单击"取消"，即可直接退出编辑草图阶段，不保留操作过程。

　　单击"编辑草图"命令后，在显示区域内将出现旋转主曲面的草图。选中"显示"操作组中的"曲线""点""标签"和"尺寸"，图形显示区域所显示的草图，如图 9-24 所示。

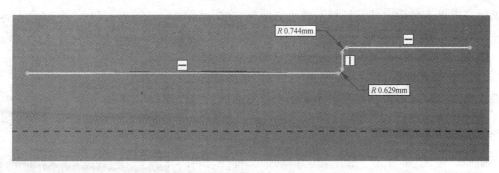

图 9-24　原草图

提示：图中虚线代表回转轴，各白色线段表示草图轮廓线。

将鼠标放置在草图中任一线段上，该线段变为蓝色，同时其他线段的"标签"发生变化，显示与该线段的位置关系，如图 9-25 所示。

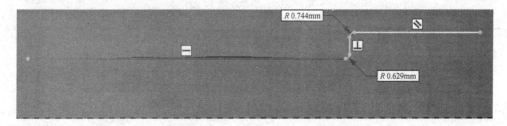

图 9-25　各线段位置关系

提示：该草图所显示的位置关系是理想位置关系，因此不需要进行编辑。如位置关系不理想，可通过"重新拟合草图"命令重新拟合草图，或通过编辑对问题线段进行修改或重新绘制。

单击圆弧，即可对圆弧半径进行修改，修改后草图如图 9-26 所示。

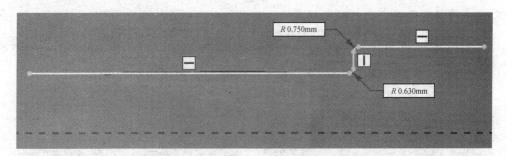

图 9-26　编辑后草图

提示：在对圆弧进行编辑时，不宜对其尺寸进行较大改动。但为体现设计意图，应对其数值取整。

单击"退出"→"完成草图"，保存操作设置，退出编辑草图阶段。

5. 拟合连接

选择"连接"→"拟合连接"命令，选择全部主曲面（可按住 Ctrl＋A 选取，也可按住 Shift

＋鼠标左键单击要选取的主区域），弹出对话框，如图 9-27 所示。

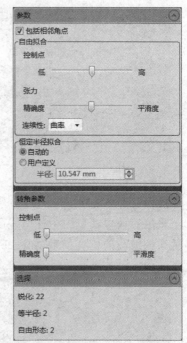

图 9-27"拟合连接"对话框中操作说明如下：

（1）"包括相邻角点"：生成连接曲面时，选择相邻主曲面的角点。如进行拟合连接时选择了全部主曲面，则软件自动选择该选项。

（2）"自由拟合"是通过设置相关拟合参数，更好拟合连接曲面。包含"控制点""张力"和"连续性"三部分。

"控制点"：设置控制点数量，包含低、中、高三种设置。

"张力"：通过调节精确度和平滑度来控制张力，包含五种等级。

"连续性"：通过切线和曲率两种连续性方式，进行拟合连接曲面。

（3）"恒定半径拟合"通过"自动的"和"用户定义"设置倒角尺寸大小。

（4）"转角参数"是设置连接曲面的汇合处生成的转角曲面的相关参数。包含"控制点"和"精确度、平滑度"设置。

图 9-27　"拟合连接"对话框

（5）"选择"是指生成连接后包含的"锐化"连接曲面、"等半径"连接曲面和"自由形态"连接曲面的个数。

提示：执行"拟合连接"命令时，需要至少选择两个相交主曲面才能生成连接曲面，为避免连接曲面出现漏选情况，所以选择全部主曲面后进行"拟合连接"。如模型连接曲面对于逆向参数化模型重要，操作者应当手动选取连接区域邻近主曲面，然后定义生成连接曲面的方式，生成连接曲面。

取默认值，单击"应用"命令，经"拟合连接"后，生成各连接曲面，如图 9-28 所示。

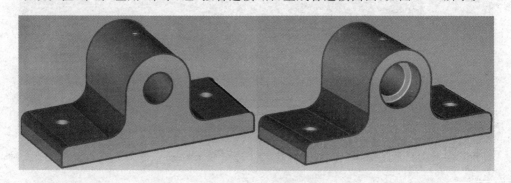

图 9-28　连接曲面

提示：在图形区域左下角可以观察到拟合连接由 0 变为 26，未拟合连接由 26 变为 0，拟合转角由 0 变为 20，未拟合转角由 20 变为 0，表明已拟合 46 个连接曲面，如拟合连接操作后，未拟合连接和未拟合转角数为非 0，那表明还存在未拟合连接，操作人员应当查找未拟合区域,完成全部连接曲面的拟合。

单击"确定"按钮,退出"拟合连接"对话框。

6. 偏差分析

单击"分析"→"偏差"命令,选择全部主曲面,将主曲面与多边形对象进行偏差分析,得到偏差分析图,如图 9-29 所示。

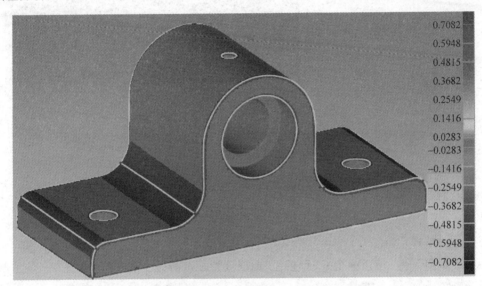

图 9-29　主曲面偏差分析图

提示:进行偏差分析时,软件仅可以对拟合后主曲面进行偏差分析,不能对连接曲面进行偏差分析。因各主曲面的位置关系已进行约束,且拟合各连接曲面时进行等半径操作,所以连接曲面的偏差不会太大。如模型对连接曲面的尺寸要求较高,操作人员可在拟合连接时,选择"用户定义",设置连接曲面半径尺寸。

单击"确定"按钮,退出偏差分析对话框。

7. 输出曲面

选择全部曲面,单击"输出"→"裁剪并缝合"命令,单击裁剪并缝合对话框中"应用"按钮,生成已缝合模型。在图形区域左下角可以观察到生成 1 个实体、30 个面以及 102 条边。

单击"确定"按钮,退出裁剪并缝合对话框。在模型管理器中会生成新的底座模型(已缝合的模型)如图 9-30 所示。

选中已缝合的模型时,自动进入"CAD"阶段,其操作工具界面如图 9-31 所示。

图 9-31"CAD"阶段中操作说明如下:

1)"修改"操作组

(1)"删除" ✖ :删除选中的 CAD 模型的表面。

(2)"翻转法线" 🖼 :翻转选中的 CAD 模型的表面法线。

(3)"修改分辨率" ⚠ :对 CAD 模型的表面网格分辨率进行修改。

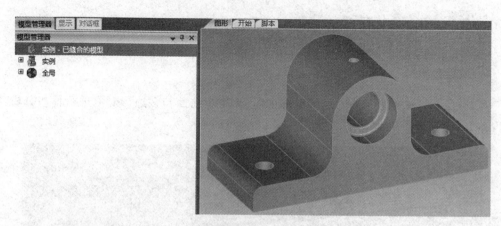

图 9-30　已缝合的模型

图 9-31　"CAD"阶段操作工具界面

2)"操作"操作组

(1)"裁剪"：使用一个 CAD 模型、曲线或特征裁剪另一个 CAD 模型。

(2)"用平面裁剪"：将一个平面与模型相交，移除该平面一侧的模型。

(3)"布尔"：将两个闭合的 CAD 模型进行布尔运算。

(4)"联合"：将两个 CAD 模型(闭合和非闭合)合并。

3)"转换"操作组

"转为多边形"：将参数曲面阶段的模型转化为多边形模型。

4)"输出"操作组

"发送到 SpaceClaim"：将已缝合的模型输出至 SpaceClaim 软件中。

单击"输出"→"发送到 SpaceClaim"命令，已缝合的模型将自动输出至 SpaceClaim 软件中，如图 9-32 所示。

提示：参数化模型发送到 SpaceClaim 软件后，形成封闭式曲面模型。如该模型不能满足设计需要，操作人员可在正逆向混合建模软件 SpaceClaim 中以该模型为参考，提取特征多段线或提取三维特征，创建实体参数化模型。

9.3.2　"参数交换"输出模型实例

目标：将多边形模型通过探测区域方法，合理地进行区域划分，提取出轮廓线，规划出主区域和连接区域，然后对每个主区域进行拟合曲面片，获得主曲面，同时将主曲面进行拟合连接操作，生成连接曲面，最后将主曲面和连接曲面进行参数交换操作，将参数曲面模型输入至 SolidWorks。

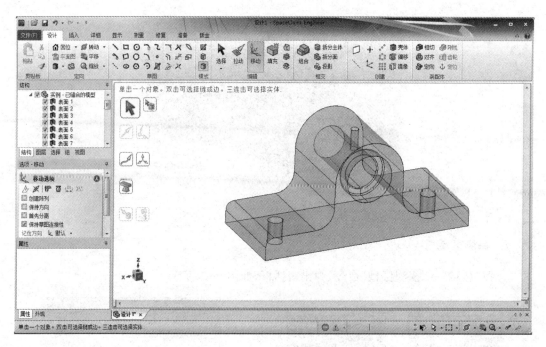

图 9-32　SpaceClaim 软件界面

在进行区域划分时应注意,与"发送到"区域划分思路不同。通过"参数交换"输出模型到正向软件,应使用正向建模思路进行区域划分,即在区域划分时,所划分区域应当有利于正向建模。通过"发送到"输出模型到逆向软件,应注意在区域划分时,要充分考虑模型各特征曲面,使之曲面模型输入到逆向软件时能够准确表达模型特征。

本实例主要有以下几个步骤:

(1) 导入底座多边形模型;

(2) 按多边形模型形状进行区域探测;

(3) 依据轮廓线进行区域划分,规划主区域和连接区域;

(4) 将每个主区域进行拟合,同时将生成的主曲面进行拟合连接,获得各特征的参数曲面;

(5) 将参数曲面输出至 SolidWorks 软件中。

1. 将 Geomagic Studio 切换到参数曲面编辑界面

模型在多边形阶段编辑完成后或导入多边形模型后,在菜单栏里选择"参数曲面",便可对多边形模型开始进行参数曲面编辑,其中底座多边形模型如图 9-33 所示。

2. 对模型进行参数曲面操作

首先选择"开始"→"参数曲面"命令,会发现模型管理器中的底座模型图标三棱锥形状发生变化,表明模型当前为参数曲面对象,如图 9-34 示。

提示:在图形区域左下角可以观察到该多边形包括 599982 个三角形,曲面数为 0,连接数为 0,转角数为 0,所以要逐步地构造出曲面。

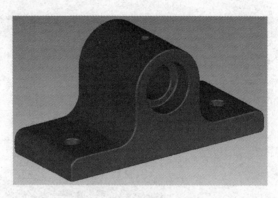

图 9-33　底座多边形模型

3. 探测区域

选择"区域"→"探测区域"命令,弹出对话框,如图 9-35 所示。

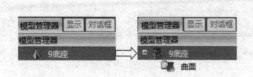

图 9-34　获取参数曲面对象

图 9-35　"探测区域"对话框

不改动各选项的默认设置值,单击"计算"命令,生成分隔符,如图 9-36 所示。

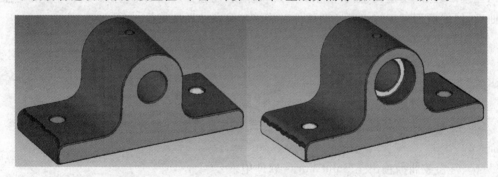

(a) 模型正面视图　　　　　　　　　(b) 模型背面视图

图 9-36　生成分隔符

　　生成分隔符后,"编辑"命令激活,通过"合并区域"操作,对精确曲面对象进行分隔符编辑,然后单击"删除岛"和"删除小区域"操作,创建更加合理的分隔符,如图 9-37 所示。

　　提示:此处进行分隔符编辑与发送到 SpaceClaim 软件中的分隔符编辑不同。考虑到正向建模流程,区域 1 为拉伸主曲面,通过平面主曲面 3 将拉伸主曲面进行裁剪,形成模型主体。输出至 SolidWorks 时,拉伸主曲面自动生成拉伸体,经然后将旋转体 2 和圆柱体 4 与裁剪后拉伸体进行布尔求差,即可获得参数化模型。

　　然后单击"轮廓线"→"抽取"命令,生成轮廓线,如图 9-38 所示。

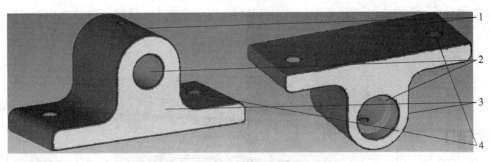

(a) 模型正面视图　　　　　　　　　　(b) 模型背面视图

图 9-37　合并后分隔符

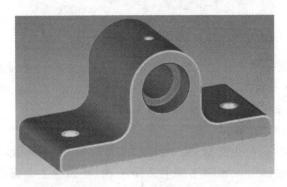

图 9-38　生成轮廓线

选择"区域"→"编辑轮廓线"命令,选择"绘制"操作,调整轮廓线位置。所得轮廓线位置如图 9-39 所示。

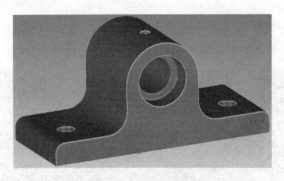

图 9-39　编辑后轮廓线

提示:考虑到正向建模流程,因区域 1 要生成拉伸主曲面,所以轮廓线在倒角位置不应通过圆弧表达,应该尽可能使两线段相交、垂直,在生成实体模型后进行倒角操作表达倒角特征。

编辑轮廓线完成后,检查各区域分类,如有区域特征不正确,可通过"区域分类"命令进行操作修改。

4. 拟合曲面

选择拉伸主区域 1,选择"主曲面"→"拟合曲面"命令,将对话框中"全局参数"→"放大"

的参数值设为 60，单击"应用"命令。选择除拉伸主区域外其他区域，将"放大"的参数值设为 90，单击"应用"命令。

经"拟合曲面"后，生成各主曲面，如图 9-40 所示。

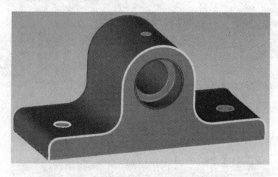

图 9-40　主曲面

提示：在图形区域左下角可以观察到拟合曲面由 0 变为 7，未拟合曲面由 7 变为 0，表明已拟合七个主曲面，如拟合曲面操作后，未拟合曲面数为非 0，那表明还存在未拟合区域，操作人员应当查找未拟合区域，完成全部主曲面的拟合。

单击"确定"按钮，退出"拟合曲面"对话框。

选中任一圆柱主曲面，"主曲面"操作组中"编辑曲面"命令激活，单击该命令，单击"选项"→"约束源"→"系统轴"，在源轴选项中选择 Z 轴，将圆柱主曲面的轴线与 Z 轴平行约束，单击"应用"命令，然后，依次逐一选择其他圆柱主曲面进行编辑。

选中旋转主曲面，单击"选项"→"约束源"→"系统轴"，在源轴选项中选择 Y 轴，单击"应用"命令，将旋转主曲面的回转轴与系统 Y 轴进行平行约束。然后单击"确定"按钮，退出"编辑曲面"对话框。

选中拉伸主曲面，单击"主曲面"→"编辑草图"命令，选中"显示"操作组中的"曲线""点""标签"和"尺寸"，图形显示区域所显示的草图，如图 9-41 所示。

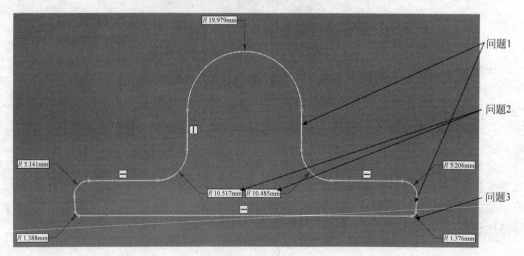

图 9-41　原草图

提示：该草图所显示的形状、位置关系是非理想位置关系，因此需要进行编辑。图 9-41 中问题 1 在于，该处线段要是垂直线段，而草图中未显示垂直标签，表明该线段现不垂直。问题 2 在于，该处圆弧为对称圆弧，应具有相同尺寸，而草图中显示的尺寸不相等，需进行尺寸编辑。问题 3 在于，该处应为直角，而草图中显示为圆弧，需将圆弧删除，将两线段垂直相交。

单击问题 1 中的一条线段，选中线段后，线段由白色变为蓝色，单击 Delete，将线段删除。然后单击"编辑"→"直线"命令，以 $R19.979$ 圆弧端点为起点绘制线段，在保证垂直的情况下，使之与 $R10.485$ 圆弧相交。单击"编辑"→"裁剪"命令，再将鼠标依次单击线段与圆弧上要保留的线段，选中"显示"→"切点"，观察编辑后草图形状及位置关系，如图 9-42 所示。

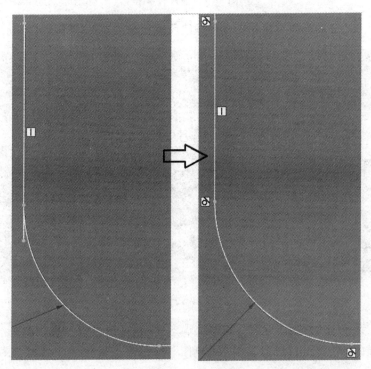

图 9-42　编辑后草图

单击问题 2 中的圆弧线段，即可对圆弧半径进行修改。如两侧小圆弧半径显示为 $R5.141$ 和 $R5.206$，不符合设计尺寸要求，将其改为 $R5.2$，同理，对中间两对称圆弧尺寸进行修改，改为 $R10.5$，编辑后草图如图 9-43 所示。

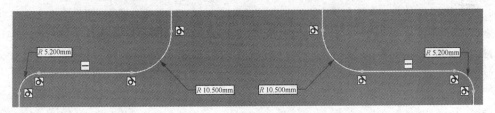

图 9-43　编辑后草图

单击问题3中的一条线段,选中线段后,线段由白色变为蓝色,单击 Delete,将线段删除。然后单击"编辑"→"直线"命令,以 $R5.2$ 圆弧端点为起点绘制线段,在保证垂直的情况下,使之长度超过草图最下端线段。单击"编辑"→"裁剪"命令,再将鼠标依次单击线段与圆弧上要保留的线段,编辑后草图如图 9-44 所示。

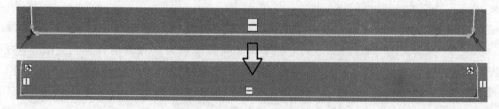

图 9-44　编辑后草图

根据问题 1、2、3 的操作方法将其他问题线段进行修改,新的草图如图 9-45 所示。

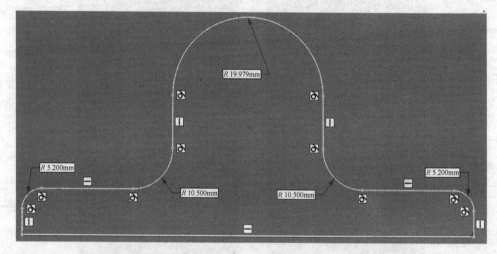

图 9-45　新草图

选中"显示"→"开放端点",如有不连续端点,将在草图中以绿色点显示,如图 9-45 所示,无绿色开放端点。单击"退出"→"完成草图",保存操作设置,退出编辑草图阶段。

5. 拟合连接

选择"连接"→"拟合连接"命令,选择全部主曲面,取默认值,单击"应用"命令,经"拟合连接"后,生成各连接曲面,如图 9-46 所示。

提示:如图 9-46 所示,生成的连接曲面均为绿色,表示生成的连接曲面均为尖角连接曲面。在输出时执行"参数交换"命令中要选择输出的曲面,为使曲面能够有效地生成实体,消除倒角对实体模型的影响,因此连接曲面尽可能的设为尖角连接曲面。由多边形模型可知,连接曲面应为倒角,此处暂不进行处理,待将模型输出至 SolidWorks 后再进行倒角处理。

单击"确定"按钮,退出"拟合连接"对话框。

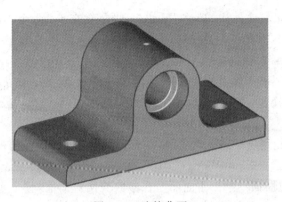

图 9-46　连接曲面

6. 偏差分析

单击"分析"→"偏差"命令,选择全部主曲面,将主曲面与多边形对象进行偏差分析,得到偏差分析图,如图 9-47 所示。

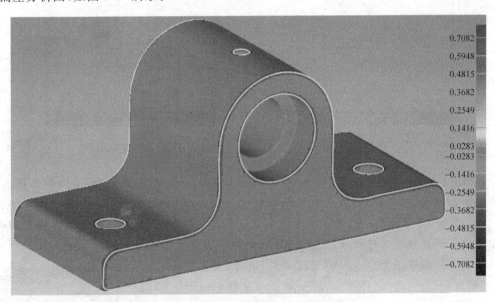

| 0.7082 |
| 0.5948 |
| 0.4815 |
| 0.3682 |
| 0.2549 |
| 0.1416 |
| 0.0283 |
| -0.0283 |
| -0.1416 |
| -0.2549 |
| -0.3682 |
| -0.4815 |
| -0.5948 |
| -0.7082 |

图 9-47　主曲面偏差分析图

提示: 生成偏差分析图时,软件分析曲面模型与原始数据模型各位置间偏差,并依据不同偏差值设定偏差区间,同时将各偏差区间设定特定的表示颜色,将模型各位置偏差以相应颜色显示,较直观地表示出偏差值,方便操作者了解各位置偏差大小,并检验结果是否满足设计要求。

单击"确定"按钮,退出"偏差分析"对话框。

7. 输出曲面

打开 SolidWorks 2013 软件,单击"工具"→"插件",选中"Geomagic Parametric Exchange",单击"确定"。

在 Geomagic Studio 软件中,单击"输出"→"参数交换"命令,弹出对话框如图 9-48 所示。

图 9-48"参数交换"对话框中操作说明如下:

(1)"交换数据与"用于确定交换数据的正向软件对象。Geomagic Studio 中提供了多种正向软件的参数交换包,安装后,即可实现参数交换,包括:SolidWorks、UG、Pro/E 等正向软件。

(2)"整个表格"是用于汇总输出曲面,并设置对输出曲面执行何种操作。

在"交换选项"中选择"SolidWorks 2013",然后开始选择曲面。依次单击"拉伸主曲面""旋转主曲面""圆柱主曲面""平面主曲面",在参数交换对话框"整个表格"中将显示选中的曲面名称及相关输出操作的信息,如图 9-49 所示。

图 9-48 "参数交换"对话框

图 9-49 曲面信息

提示:在"整个表格"中,"创建为"操作可在 SolidWorks 中创建曲面、实体和草图三种形式的数据模型,"操作"可在 SolidWorks 中执行 create(创建)、subtract(切除)、join(连接)、cut(裁剪)和 trim(修剪)五种形式的布尔运算。对各不同主曲面进行"创建为""操作"时应当以正向建模思路进行分析、设置,从而创建正向实体模型。

单击 1 拉伸主曲面"创建为"下拉三角,选择"实体",单击"操作"下拉三角,选择"Create"。单击 2 旋转主曲面"创建为"下拉三角,选择"实体",单击"操作"下拉三角,选择"Subtract"。单击 3、4、5 圆柱主曲面"创建为"下拉三角,选择"实体",单击"操作"下拉三角,选择"Subtract"。单击 6、7 平面主曲面"创建为"下拉三角,选择"曲面",单击"操作"下拉三角,选择"Cut",如图 9-50 所示。

图 9-50 编辑后曲面信息

提示:拉伸曲面 1 是模型的主体结构,因此执行"Create"操作,生成拉伸实体,旋转曲面 2 在模型实际位置中属于切除部分,因此对实体执行"Subtract"操作,在拉伸实体上切除实体,形成对应特征,圆柱体 4、6、7 依此操作,切除拉伸实体对应位置,形成对应特征,因拉伸曲面 1 的拉伸长度不确定,因此对平面 3、5 执行"Cut"操作,裁剪拉伸实体,保证拉伸长度。

单击"发送",即可在 SolidWorks 中创建实体参数化模型,如图 9-51 所示。

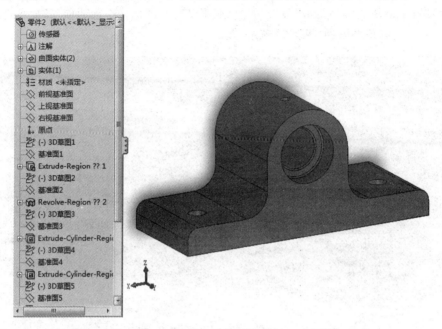

图 9-51　参数化模型

提示：如图 9-51 所示,新生成的参数化模型与正向设计的模型一样,具有"草图绘制""布尔运算"等操作流程,即"参数交换"过程中对各曲面进行的"创建实体"及"曲面裁剪实体"操作,形成了对应的特征树。

单击"偏差分析",将实体参数化模型与多边形模型进行偏差对比,如图 9-52 所示。

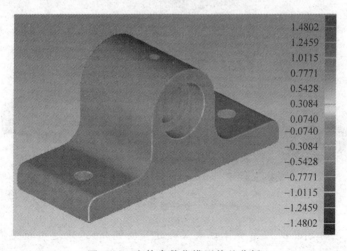

图 9-52　实体参数化模型偏差分析

提示：如图 9-52 所示,经参数交换后,将 Geomagic Studio 中参数曲面阶段创建的参数曲面转换为 SolidWorks 中的实体参数化模型,与原多边形模型发生了较大的形变误差(偏差为 $-0.3084 \sim +0.0740$),操作人员可在 SolidWorks 模型特征树中对其草图线段尺寸进行合理的改动,从而提高模型精度。

单击"确定"按钮,退出"参数交换"对话框。

在 Geomagic Stuido 中单击"分析"→"格栅半径"命令,选择全部曲面,软件将自动计算出各连接曲面的倒角半径,如图 9-53 所示。

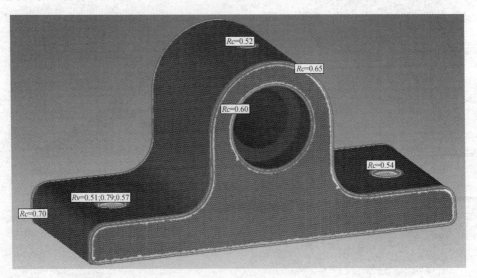

图 9-53   倒角半径

根据图 9-53 所示各倒角半径尺寸,对 SolidWorks 中的模型进行倒角操作,获得最终参数化模型,如图 9-54 所示。

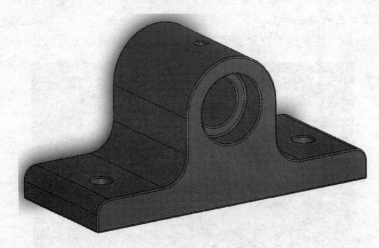

图 9-54   最终参数化模型

提示:与发送到 SpaceClaim 等正逆向混合建模软件相比,通过参数交换至正向软件的模型误差相对较大,对于精度要求较高模型,操作人员需要通过正向软件特征树对草图尺寸及各线段位置关系进行进一步编辑,但是正向软件在模型图纸设计、生成加工模型等方面有正逆向混合软件无法比拟的优势,因此,操作人员应根据模型用途需要,合理选择模型输出方式。

第10章

Geomagic Studio分析模块

10. 1　Geomagic Studio 分析模块概述

在逆向建模过程中,模型从多边形阶段到 NURBS 曲面模型,或从多边形阶段到 CAD 曲面模型的转换过程中,模型之间存在误差,我们需要对相关参数进行测量与偏差分析,这样有利于后续参数化修改,提高模型的精度,并为后期参数化建模提供有利的参考依据。同时,用户可以根据需要,预定义一种标准色谱,用于更好地显示偏差图。

Geomagic Studio 分析模块可以帮助我们测量对象上点与点的距离,点与特征之间的距离。这样可以方便地计算出测量模型基本尺寸、几何形状之间相对位置尺寸和几何形状主要轮廓尺寸等。同时还可以计算实体模型的体积、重心和相对平面的投影面积等一系列数据。

10. 2　Geomagic Studio 分析模块主要操作命令

分析模块共有以下两个操作组,包括"比较"操作组和"测量"操作组,如图 10-1 所示。

1. "比较"操作组

"比较"操作组所包含的操作工具有:

（1）"偏差"　：该命令用于生成一个以不同颜色

图 10-1　分析模块操作工具界面

区分的偏差分析图。该命令在对齐测试对象到参考

对象后,以结果对象的形式创建出三维彩色偏差图来量化两者之间的结果偏差。

提示：测试对象可以是一个点、多边形或者 CAD 对象。在选择对象上生成以不同颜色代表不同偏差的偏差图。生成偏差图后,可观测不同颜色的区域代表的偏差与选定参考对象之间的比较。

（2）"编辑色谱"　：该命令用于管理偏差色谱和曲率色谱。

编辑偏差色谱：通过编辑偏差色谱对象来控制色谱的外观显示,该命令主要是进行局部色谱的编辑。通过颜色段来指定曲面的偏差范围,因此,直接修改颜色段的某些边界值就可以达到编辑色谱的效果。

编辑曲率色谱：调整多边形对象上出现的"曲率图"（"曲率图"以色码的形式体现多边形对象的曲度）。

2."测量"操作组

"测量"操作组所包含的操作工具有：

（1）"距离" ：测量对象上两点的距离。其下拉菜单包括测量距离和从特征测量距离两个子命令。

测量距离：该命令用于计算两点间的最短距离或者投影到曲面上的距离。

从特征测量距离：计算特征与点之间的最短距离。

（2）"计算" ：该命令可对对象分别进行体积、体积到平面、重心和面积等的计算。

体积计算：该命令是用来计算封闭对象的体积。

计算体积到平面：该命令是用来计算多边形对象被操作人员所定义参考平面分割的两部分体积。

计算重心：该命令能用于计算对象的重心，并在重心处创建一个点特征。

计算面积：该命令用于计算多边形或 CAD 对象投影到平面的表面积。

（3）"点坐标" ：该命令用于生成手动选择点的 X、Y、Z 坐标值并且将其导出为文本文件的操作（所输出的坐标是模型现有坐标系上的坐标值，若需要可以手动建立一个合适的三维坐标系）。

10.3　Geomagic Studio 分析模块应用实例

目标：对分析模型的偏差进行分析，得到模型从多边形阶段转换到参数曲面阶段的偏差，为后期参数化建模提供参考依据。对色谱进行编辑，建立用户所需的标准色谱。测量模型上点到点的最短距离，特征到点的最短距离，同时计算封闭对象的体积与重心。

本实例主要有以下几个步骤：

（1）导入测量模型；

（2）对实体对象进行偏差分析，生成偏差分析图；

（3）编辑色谱；

（4）测量对象上两点的距离、体积、重心和面积；

（5）选择点并将其 X、Y、Z 坐标值导出为文本文件。

1. 将模型"测量实例"导入 Geomagic Studio

打开"测量实例"选择"分析"命令，进入分析模块，如图 10-2 所示。

2. 对实体对象进行偏差分析，生成偏差图。

在模型管理器中选择"测量实例多边形"，在单击"偏差"命令进入对话框，在测试对象选项中选择"测量实例参数曲面"，如图 10-3 所示。

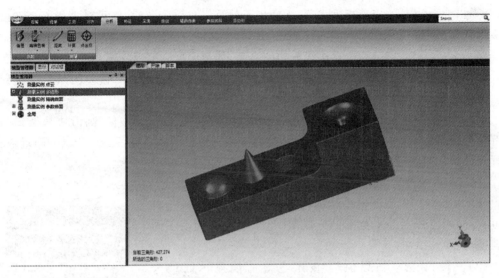

图 10-2　分析模块操作界面

图 10-3　"偏差分析"对话框

图 10-3"偏差分析"对话框中主要操作说明如下：

（1）"参考：测量实例多边形"：表示当前偏差分析所用的参考基准模型。

（2）"测试：测量实例参数曲面"：表示当前偏差分析的测试模型。用户可以在下拉菜单中选择当前要测试的模型。

（3）"最大偏差"：指定最大偏差，这个偏差将在报告中输出。任何测试对象超出此偏差,会弹出一个"X‰的点离模型太远,无法用于计算"提示框,此时,结果对象将不会在该区域显示任何颜色。

(4)"临界角":指定两个点法线方向的夹角,如超出这一范围将不会进行偏差比较。

(5)"显示分辨率":较高的分辨率可以显示更高的颜色,可以将偏差图颜色应用到测试数据上。

(6)"颜色平均":控制任意单个点在结果显示中的影响。其中低/高滑块从低到高共有五个等级,默认为中。低的设置导致描述每个点的偏差的颜色停留在这个点的附近,高的设置允许颜色与附近点混合,获得更加连续的颜色图。

(7)"小数位数":是进行偏差分析时,显示结果的小数点后的显示数值位数。

(8)"颜色段":设定偏差显示色谱的颜色段(在一条色谱中,用不同颜色分割偏差范围的分段数,每个颜色段代表不同的偏差范围)。

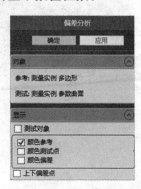

(9)"最大(小)临界值":设定色谱所能显示的最大(小)值。

(10)"最大(小)名义值":色谱中从 0 开始向正(负)方向第一段色谱的最大值。

选择默认值,单击"应用"命令进入"偏差分析"对话框,如图 10-4 所示。

图 10-4　"偏差分析"对话框

提示:若在实际偏差分析中,没有新建色谱,系统会默认一个最佳显示色谱来表达模型偏差情况。

同时,在图形显示区域得到测试模型偏差图,如图 10-5 所示。

单击"确定"按钮,退出当前对话框。

图 10-5"统计"对话框中说明如下:

(1)"3D 偏差":给出的偏差是从测试对象上的测试点到参考对象上最短距离点的距离值。

(2)"最大距离":从测试对象到参考对象上任一点的最大偏差距离,分别有正负方向上的最大偏差距离显示。

(3)"平均距离":从测试对象到参考对象上任一点的平均偏差距离。

(4)"标准偏差"(也被称为标准差或者实验标准差):标准偏差时方差的算术平方根,标准偏差能反映一个数据集的离散程度。标准偏差公式:$S = \sqrt{\left[\sum (X - \overline{X})^2\right]/(n-1)}$ 公式中 $\sum$ 代表总和,$\overline{X}$ 代表 x 的均值,n 为测量次数。

(5)"RMS 估计":RMS 是均方根值,也可称为有效值,可以反映测量数据的可靠性。

均方根误差常用下式表示:$RMS = \sqrt{\dfrac{\sum di^2}{n}}$,式中 n 为测量次数;di 为一组测量值与真值的偏差。

3. 编辑色谱

单击"编辑色谱"→"编辑偏差色谱"命令,弹出对话框,如图 10-6 所示。

图 10-5 多边形阶段与参数曲面的偏差分析图

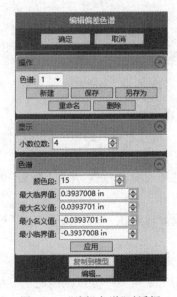

图 10-6 "编辑色谱"对话框

　　单击"新建"命令,出现命名对话框,输入色谱名为"对比色谱一",再单击"确定"命令,"对比色谱一"创建完成,然后将"对比色谱一"的色谱参数进行设置,如图 10-7(a)所示。相同步骤,新建"对比色谱二",将"对比色谱二"的色谱参数进行设置,如图10-7(b)所示。

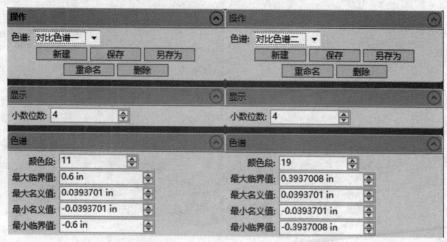

(a) 对比色谱一参数设置　　　　　　　(b) 对比色谱二参数设置

图 10-7　色谱参数设置

提示:分别建立"对比色谱一"与"对比色谱二",将两个色谱的颜色段、最大(小)临界值设定为不同数值,目的是为了让读者能清楚的看到在不同色谱下面偏差图所显示的差异。

选择"对比色谱一",单击"编辑"命令,显示对话框,如图10-8所示。

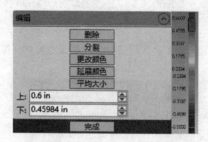

图 10-8　"色谱编辑"对话框

图 10-8 对话框中主要选项说明如下:

(1)"删除":在工作界面中,选择色谱条的某一分段范围,单击"删除"命令则删除所选色谱条这一分段范围。

(2)"分裂":选择色谱条的某一分段范围,单击"分裂"可以把选定色谱范围均分为两个新的分段。

(3)"更改颜色":选定一段分段范围,单击"更改颜色"可以重新选择表示偏差范围的颜色。

(4)"延展颜色":延展所选颜色段的颜色。

(5)"平均大小"(上下):用来设定某一分段范围的上下极限偏差。

具体编辑色谱的四种途径如下:

(1)通过删除现有的段,来减少色谱的段数。首先,选取正值 0.4949～0.6000 间的颜色段,如图10-9(a)所示。然后,单击"删除"命令,删除该段,结果如图10-9(b)所示。

（2）通过分裂现有的段以增加段数。首先，单击正值 0.1795～0.3898 间的颜色段，如图 10-10（a）所示。然后，单击"分裂"命令，细分这段，结果如图 10-10（b）所示。

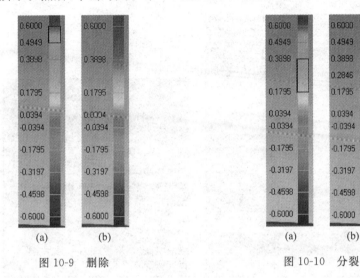

图 10-9　删除　　　　　　　　　　图 10-10　分裂

（3）改变其中一段颜色。首先，选取正值 0.2843～0.3898 间的颜色段，如图 10-11（a）所示。然后，单击"更改颜色"命令，从现实的颜色对话框中选择一种颜色，单击"确定"命令，就可用新的颜色来更新色谱。如图 10-11（b）所示。

（4）修改颜色段的范围，可通过更改上下方的值来更改色谱显示。首先，选取正值 0.3197～0.4598 间的颜色段，如图 10-12（a）所示。然后，在图 10-8 所示的对应偏差色谱编辑框内，将下方值改为 0.2000，上方值改为 0.5500。最后，单击"延展颜色"命令，结果如图 10-12（b）所示。

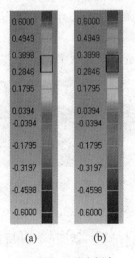

图 10-11　更改颜色

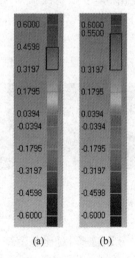

图 10-12　延展颜色

单击"完成"命令，再单击"确定"按钮，退出当前对话框。

在模型管理器中选择"测量实例精细曲面"，单击"偏差"命令进入对话框，选择测试对象为"测试实例多边形",如图 10-13(a)所示。选择默认值,单击"应用"命令进行偏差分析,如图 10-13(b)所示。

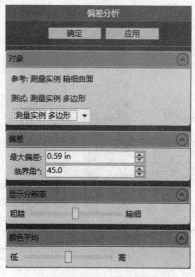
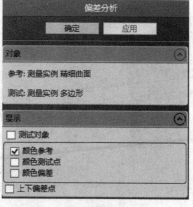

(a) 点击"应用"前　　　　　　　(b) 点击"应用"后

图 10-13　"偏差分析"对话框

对图 10-13(b)"显示"选项的操作说明:

(1)"测试对象":设置是否将测试对象显示在图形区域的彩色参考对象上。

(2)"颜色参考":显示在参考对象上的 3D 结果图。

(3)"颜色测试点":显示在测试对象上每个点的 3D 结果图。

(4)"颜色偏差":显示测试对象到参考对象的每个点的偏差颜色和方向。

(5)"上下偏差点":可以查看最大正负偏差值所在的位置,显示为自身位置点颜色的两个彩色球。

分别选中"测试对象""颜色测试点""颜色偏差",显示效果如图 10-14 所示。

(a) 测试对象　　　　　(b) 颜色测试点　　　　　(c) 颜色偏差

图 10-14　测试对象、颜色测试点、颜色偏差

在色谱中分别选择"对比色谱一"与"对比色谱二"进行显示,如图 10-15 所示。

4. 计算测量模型上两点的距离、体积、重心和面积

测量点到点的距离操作为:单击"距离"→"测量距离"命令,选择两个需要测量的点,从对话框中和模型上采集到相关数据,如图 10-16 所示。

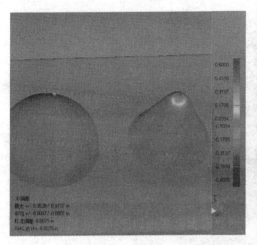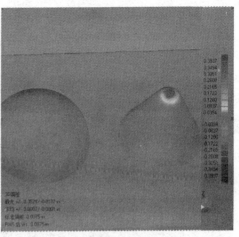

图 10-15 "对比色谱一"与"对比色谱二"的显示效果

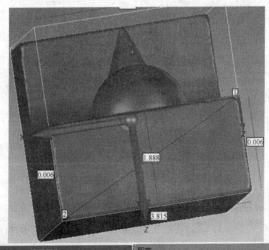

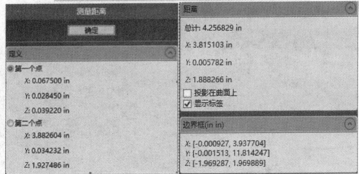

图 10-16 两点距离测量

单击"确定"按钮,退出当前对话框。

测量点到特征的距离操作为:单击"距离"→"从特征测量距离"命令。进入操作对话框依次选择特征和需要测量相对距离的点。Geomagic Studio 会计算选定点和选定特征之间的最短直线距离,如图 10-17 所示。

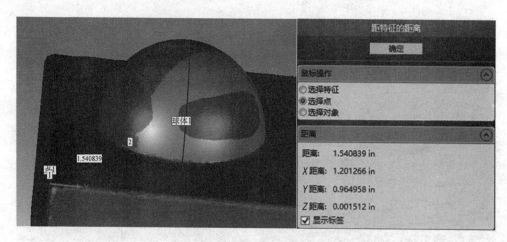

图 10-17　特征到点距离测量

单击"确定"按钮，退出当前对话框。

计算测量对象体积操作为：在模型管理器中选择相应对象，在单击"计算"→"计算体积"，命令可得出所选对象体积，如图 10-18 所示。单击"确定"按钮，退出当前对话框。

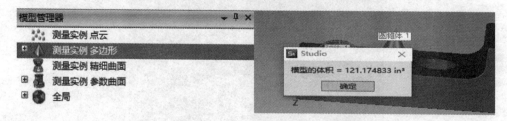

图 10-18　对测量模型的体积计算

计算测量对象被参考平面所分割的两部分体积操作为：计算体积到平面对话框中，选择 XY 平面，输入旋转 Y 为"−1.0"，位置度位为"1.1"，定义参考平面，计算参考平面所分割多边形模型两侧模型体积，如图 10-19 所示。

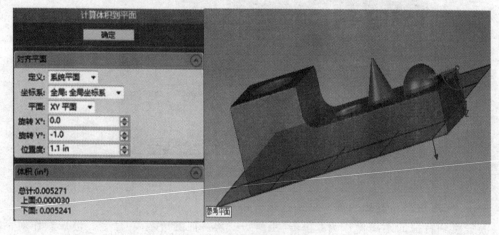

图 10-19　计算体积到平面

　　提示：计算体积到平面是通过定义参考平面来分割测量对象，然后分别计算测量对象位于分割平面两侧的体积。用户可以根据测量需求，对所选择平面进行移动和旋转，从而定义参考平面。

　　单击"确定"按钮，退出当前对话框。

　　计算测量模型的重心操作为：计算测量模型的重心，并在重心处创建一个点特征。单击"计算"→"计算重心"，计算出重心位置，如图 10-20 所示。单击"是"命令创建一个点特征。

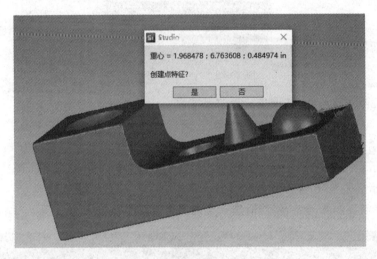

图 10-20　测量模型的重心测量

　　计算测量模型（多边形或 CAD 对象）的表面积或投影到指定平面的表面积操作为：单击"计算"→"计算面积"命令进入计算面积对话框。

　　提示：计算面积主要有计算曲面面积和截面面积两种。计算曲面面积是计算所选对象的全部面积，横截面积是先确定横截面再计算截断面积，其对话框如图 10-21 所示。

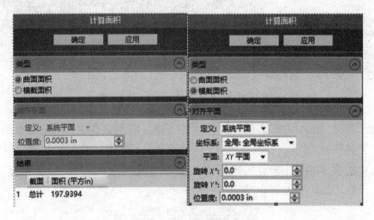

图 10-21　"计算面积"对话框

5. 选择点并将其 X、Y、Z 坐标值导出为文本文件

　　单击"测量"→"点坐标"命令，弹出点坐标对话框如图 10-22 所示。

图 10-22 "点坐标"对话框

对图 10-22"点坐标"对话框操作说明如下：

（1）用户可以对点的标签名进行编辑。

（2）"在输出时包括标签"：导出文本文件时，点的标签和坐标一起输出。

（3）"显示点"：在模型上显示已捕捉点。

（4）"显示标签"：在模型上显示点的标签。

依次选择需要测量的点，将获取选择点的坐标，如图 10-23 所示。

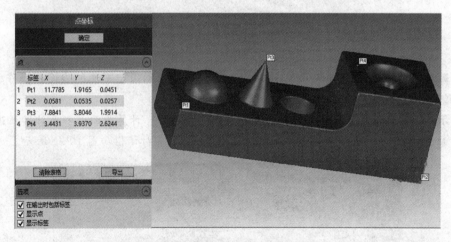

图 10-23 选择点后点坐标对话框

单击"导出"命令，进入文本文件"另存为"对话框，输入文件名为"标记点坐标"，单击"保存"命令，文本文件生成完毕。

打开所保存的文本后，所选点的坐标将以文本形式显示，如图 10-24 所示。

图 10-24 坐标文本文件

第11章

Geomagic Studio逆向建模综合实例

为了便于读者对 Geomagic Studio 的总体功能有一个更好的了解,本章将给出三个有代表性的实例,分别涉及 Geomagic Studio 不同模块的综合应用。

11.1 基于接触式与非接触式采集的数据融合

创建实物模型时,建模所需的数据模型主要通过接触式扫描和非接触式扫描两种方法获取。对于表面不规则特征适用于激光扫描获取,对某些规则特征的位置和形状精度有较高要求的被测物体,可同时采用接触式扫描方法来获取数据。本实例以关节臂采集系统为扫描设备,采用激光扫描和硬测采集获取两组数据模型,并将数据模型合并,创建数据融合的多边形模型。被测物体如图 11-1 所示。

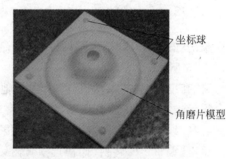

图 11-1　角磨片模型及坐标球

提示:如图 11-1 所示,角磨片模型中心位置有一较深凹槽,当采用激光扫描方式进行数据采集时,会由于漫反射光不强出现采集数据不完整的现象,因此,该凹槽处应采用硬测采集方式进行采集。为保证激光采集数据与硬测采集数据以较高精度对齐,应在角磨片模型周围设置坐标球,用于两组数据对齐。

1. 采集数据模型

首先对角磨片模型及坐标球进行硬测采集,获取特征数据模型如图 11-2 所示。

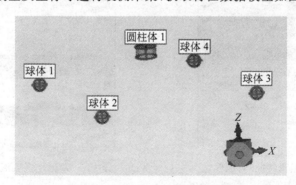

图 11-2　角磨片及坐标球特征模型

对角磨片模型及坐标球进行激光采集,获取点云数据模型如图 11-3 所示。

2. 多边形阶段

多边形阶段主要包括四步操作:①特征模型转化为多边形模型;②对点云数据模型进行编辑,并封装为多边形模型;③将两组多边形数据对齐;④将对齐后的多边形数据进行编辑,获取最终多边形模型。

1) 特征模型转化为多边形模型

打开如图 11-2 所示硬测采集得到的角磨片及坐标球特征模型,单击菜单栏中"特征",使当前编辑状态为特征编辑,模型管理器中会显示角磨片及坐标球各特征,如图 11-4 所示。

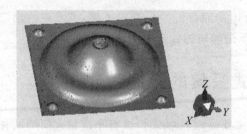

图 11-3　角磨片及坐标球点云数据模型　　　　图 11-4　角磨片及坐标球各特征

单击"圆柱体 1",选中圆柱体特征,然后右击,选择"编辑"命令,弹出编辑特征对话框,如图 11-5 所示。

将"高度"选项的参数设置为 20,其他选项选取默认值,单击"确定"按钮,退出对话框。

提示:完成编辑后会发现,圆柱体向远离四个坐标球方向延伸,如延伸方向错误,可在编辑特征对话框"方向"选项中单击"翻转"命令,改变圆柱体延伸方向。

单击"编辑"→"转换"操作选项,选择"特征转为多边形对象"命令,弹出"创建多边形对象"对话框,如图 11-6 所示。

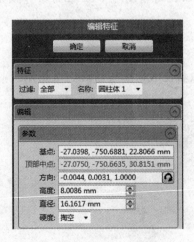

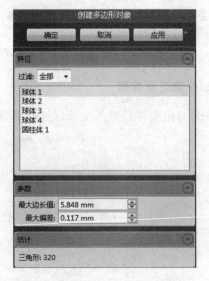

图 11-5　"编辑特征"对话框　　　　　　　　图 11-6　"创建多边形对象"对话框

选中"特征"栏里所有特征(可单击"球体 1",然后按住 Shift 键,单击"圆柱体 1"选择全部特征或按住 Ctrl 键,依次选择全部特征),单击"应用"命令,创建多边形模型,然后单击"确定"按钮,退出对话框。

选中圆柱体 1 多边形模型,单击"修补"→"修复工具"→"翻转法线"命令,弹出翻转法线对话框,单击"应用"命令,该操作是为了表达法线正方向向内的凹槽特征,将圆柱体 1 多边形模型法线翻转,然后单击"确定"按钮,退出对话框,所得多边形模型如图 11-7 所示。

提示:多边形模型表面三角形面片法线具有方向性,如图 11-7 所示,蓝色代表法线正方向,黄色代表法线负方向。因圆柱体 1 多边形模型用于表达凹槽特征,所以,将其法线翻转。

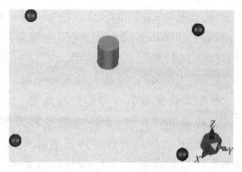

图 11-7　多边形模型

创建多边形模型后,模型管理器中显示所创建五个多边形模型的名称分别为球体 1、球体 2、球体 3、球体 4 和圆柱体 1。在模型管理器中选中五个多边形模型,右击,选择"创建组"命令,将由特征模型所获多边形模型设置为组 1。

2) 点云数据模型编辑转换

将激光采集方式获取的角磨片及坐标球点云数据拖至当前模型管理器,打开点云数据模型,并将组 1 和特征模型隐藏。

单击"采样"→"统一"命令,弹出"统一采样"对话框,在"输入"→"绝对"选项中的"间距"参数设为 0.2mm,单击"应用"命令,会发现当前点数由 1122084 变为 375487,极大地减少了点数,且点云数据能较好表达角磨片及坐标球各特征。单击"确定"按钮,退出对话框。

由于该点云数据存在大量无方向的黑色点云,因此,单击"修补"→"着色"→"修复法向"命令,弹出修复法线对话框,单击"重新计算法线",完成点云法线修复。单击"确定"按钮,退出对话框。

单击"修补"→"减少噪音"命令,弹出减少噪音对话框,取各选项默认值,单击"应用"命令,减少点云噪音,然后单击"确定"按钮,退出对话框。

单击"修补"→"选择"→"体外孤点"命令,取默认值,单击"应用"命令,选取体外孤点,单击"确定"按钮,退出对话框。此时选中点为红色,单击 Delete 键,删除体外孤点。编辑后所得点云数据模型如图 11-8 所示。

单击"封装"命令,将点云数据模型转换成多边形模型,如图 11-9 所示。

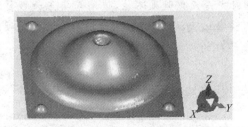

图 11-8　编辑后点云数据模型

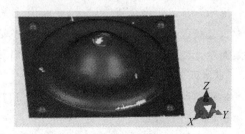

图 11-9　多边形模型

如图 11-9 所示,该多边形模型存在大量孔洞,因此,对该多边形模型进行初步编辑。

单击"填充孔"→"全部填充"命令,弹出全部填充对话框,选中"最大周长"选项,将其参数值设为 100mm,单击"应用"命令,填充所有内部孔,然后单击"确定"按钮,退出对话框。单击"填充孔"→"填充单个孔"命令,选择"曲率"和"边界孔"操作,将多边形模型各边界孔填充,所得初步编辑多边形模型(模型管理器中显示为扫描 001)如图 11-10 所示。

图 11-10　初步编辑多边形模型

提示:"最大周长"参数值是内部孔周长值,小于或等于设置值的内部孔将被选中。点云数据编辑后进行封装时,会因编辑后点云位置不同等问题,使所形成的内部孔周长发生改变,操作人员可根据当前多边形内部孔周长大小,合理确定"最大周长"参数值。

单击坐标系 Z 轴,使多边形模型在图形区域切换到 XY 视图,选择图形区域右侧工具栏中的"选择贯通"和"选择背景模型"功能,然后使用"套索选择工具"选取多边形模型中心位置处圆柱体多边形及其周边多边形,选中多边形如图 11-11 所示。

单击 Delete 键,删除选中多边形,形成边界 1,如图 11-12 所示。

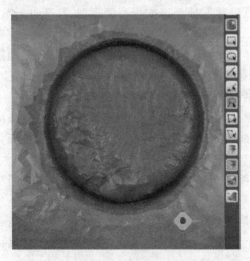

图 11-11　选中多边形

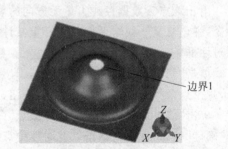

边界1

图 11-12　边界 1

提示:因该圆柱体深度过大,导致激光采集时光漫反射效果不佳,使所采集点云数量过少或出现较大偏差点,所以拟合的圆柱体多边形偏差过大。将其删除,数据融合后使用硬测采集圆柱体 1 转化的多边形,可以提高该圆柱体特征的位置、形状精度。

3)将两组多边形数据对齐

显示组 1 多边形模型,同时选中组 1 和扫描 001 多边形模型,选择菜单栏中"对齐",进入多边形对齐阶段。

选择图形区域右侧工具栏中的"选择可见"功能,取消"选择背景模型"功能。单击"扫描拼接"→"手动注册"命令,弹出"手动注册"对话框,在"模式"选项中选择"n 点注册"操作,在

"定义集合"→"固定"操作选项中选择"组 1","定义集合"→"浮动"操作选项中选择"扫描001",依次选择固定视图显示区域和浮动视图显示区域中四个坐标球,选择对齐点位置如图 11-13 所示。

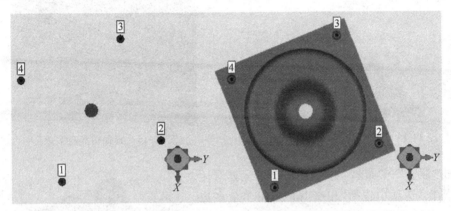

图 11-13　选择对齐点位置

单击"确定"按钮,退出对话框。得到对齐后多边形模型,如图 11-14 所示。

4) 对齐后的多边形模型处理

选中组 1,右击,选择"拆分组"命令,将组 1 拆分,并删除多边形模型球体 1、球体 2、球体 3 和球体 4。选中多边形模型扫描 001,框选四个坐标球及其周围部分多边形,单击"修补"→"去除特征"命令,将坐标球删除,所得多边形模型如图 11-15 所示。

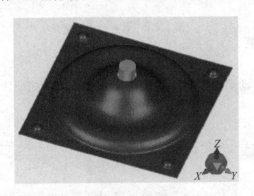

图 11-14　对齐后多边形模型

图 11-15　删除坐标球后多边形模型

提示:坐标球的作用是用于将两组多边形模型对齐,因此对齐后可将坐标球删除。

选择图形区域右侧工具栏中的"选择贯通"和"选择背景模型"功能,单击坐标轴 X 轴,使多边形模型在图形区域切换到 YZ 视图,选择"矩形选择工具"选中圆柱体 1 上部区域,如图 11-16 所示。

单击 Delete 键,删除选中多边形。

单击"边界"→"移动"→"延伸边界"命令,弹出"延伸边界"命令,选择边界 1(图 11-12 所示),在"延伸"→"长度"选项中,将长度参数值改为 3mm,使其与圆柱体 1 多边形相交,单击"确定"按钮,退出对话框,延伸边界 1 后多边形如图 11-17 所示。

图 11-16   选中圆柱体 1 上部区域

图 11-17   延伸边界后多边形

单击"联合"→"布尔"命令,弹出布尔运算对话框,在"操作"选项中选择"相交"命令,将多余多边形删除,获得新的角磨片多边形模型,如 11-18 所示。

单击"修补"→"简化"命令,弹出"简化"对话框,在"设置"→"减少到百分比"操作中,将其参数值改为 60,单击"应用"命令,将当前三角形数量由 692552 减少到 415530。单击"确定"按钮,退出对话框。

单击"修补"→"网格医生"命令,弹出"网格医生"对话框,单击"应用"命令,将出现的问题修复。单击"确定"按钮,退出对话框。

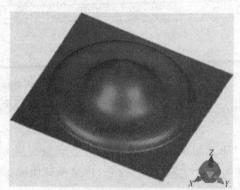

图 11-18   角磨片多边形模型

单击"修补"→"流形"→"开流形"命令,将浮动多边形删除,保证精确曲面或参数曲面阶段所创建模型精度。

11.2   基于边界划分的精确建模

打开"男性头部多边形模型.wrp"文件,如图 11-19 所示。该模型属于复杂非规则特征模型,应当在精确曲面阶段进行逆向建模,通过探测曲率创建模型实例可知,建模过程中曲率线绘制过程较复杂,且所获曲面片较为不规则。因此,通过本实例介绍一种基于边界划分的建模方法,从而获取较规则曲面片。

1. 绘制边界

在多边形阶段,单击"修补"→"裁剪"→"用平面裁剪"命令,在对话框"对齐平面"→"定义"中选择系统平面,"平面"中选择 XY 平面,"位置度"中输入 230,得裁剪平面位置,如图 11-20 所示。

提示:因该模型以 YZ 面对称,选择裁剪平面时,应以系统坐标系为参考进行选择,保证所选平面能够与 YZ 面垂直,从而实现裁剪后的边界线与模型对称面垂直。确定位置度

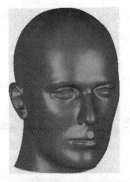

图 11-19 男性头部多边形模型

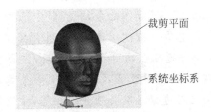

裁剪平面

系统坐标系

图 11-20 裁剪平面位置

时,应使模型裁剪后,所创建的边界线将模型分为特征复杂程度不一的区域。在输入"位置度"参数值时可通过预览功能,在图形区域观察当前裁剪平面位置,从而合理设置参数值。

单击"操作"→"平面截面"命令,绘制第一条边界。在"位置度"中输入 150,单击"平面截面"命令,绘制第二条边界。在"平面"中选择 YZ 平面,"位置度"中输入 15.5,单击"平面截面"命令,绘制第三条边界。完成边界划分后,单击"确定"按钮,退出平面裁剪对话框。边界划分如图 11-21 所示。

提示:在边界划分时还应注意,通过平面裁剪操作后,原数据模型被分割为若干区域数据块,因此,在确定裁剪平面位置时要保证:①各区域间的公共边界易于拼接;②尽量减少区域个数;③各个区域具有良好的形态,易于构建曲面模型。该模型为复杂特征模型,其各部分特征(如耳朵、眼睛等)均由复杂自由曲面组成。因此对该模型进行边界划分时,应将复杂特征区域与简单特征区域分开,以便在曲面拟合时更好地表达模型各特征。如图 11-21 所示,边界 1、3 围成区域 1,边界 1、2、3 围成区域 2,边界 2、3 围成区域 3。其中,区域 1 为简单特征(自由曲面)区域,区域 2(包括耳朵、眼睛、鼻子)和区域 3(包括嘴巴、下巴)为复杂特征区域。

2. 创建曲面片

在精确曲面阶段,单击"开始"→"精确曲面"命令,将模型转化为精确曲面对象。

单击"曲面片"→"构造曲面片"命令,在构造曲面片对话框"曲面片计数"中选择"自动估计"操作命令,单击"应用"命令,单击"确定"按钮,退出构造曲面片对话框。

构造曲面片时,生成了部分轮廓线,单击"轮廓线"→"升级约束"→"降级所有轮廓线"和"降级所有点"命令,得曲面片分布如图 11-22 所示。

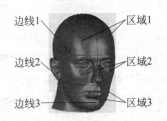

边线1 区域1
边线2 区域2
边线3 区域3

图 11-21 边界划分

图 11-22 曲面片分布

　　提示：所划分区域应尽可能近似呈四边形，铺设曲面片后，可通过"移动面板"命令获取规则曲面片，从而有利于获取较高精度的 NURBS 曲面。

　　单击"曲面片"→"移动"→"移动面板"命令，在区域1（左侧）中单击，在移动面板对话框"操作"中选择"定义"操作命令，"类型"中选择"自动探测"操作命令，重新定义该区域曲率分布。在区域1边界上依次单击，选取四个点，如图 11-23 所示。

　　提示：单击选中区域边界上的点后，该点会变为红色。在对任一区域内的曲面片进行规则化处理时，均需对该区域通过定义四个端点，重新定义边界上曲面片数量。新定义的四边形区域两组对边分段数必须分别相等，才能执行移动面板操作，使该区域内的曲面片更加规则。

　　单击"执行"命令，完成区域1（左侧）内的曲面片移动。单击"下一个"命令，在区域2（左侧）中单击，选中该区域，通过"操作"→"添加/删除2条路径"使该区域两组对边的分段数相等，然后选择"类型"中的"格栅"，再单击"执行"命令，完成区域2（左侧）内的曲面片移动。单击"下一个"命令，在区域3（左侧）中单击，选中该区域，重新定义该四个端点，然后调整各对边的分段数，分段数相等后，单击"执行"命令，完成区域3（左侧）内的曲面片移动。然后依次将区域1（右侧）、区域2（右侧）和区域3（右侧）内的曲面片进行移动，单击"确定"按钮，退出移动面板对话框。移动面板后的曲面片分布如图 11-24 所示。

图 11-23　选取四个点

图 11-24　移动面板后曲面片分布

　　提示：在创建规则曲面片时，区域1内特征较为简单，使用少量曲面片即可表达，区域2、3应增加曲面片数量，可更好地表达区域内各特征。

3．格栅处理

　　单击"格栅"→"构造格栅"命令，对每个曲面片进行格栅处理，将对话框中"分辨率"参数值更改为20。选中"修复相交区域"和"检查几何图形"复选框，以便对存在问题的格栅区域进行检查及修复。单击"确定"按钮。得到如图 11-25 所示分辨率网格结构。

4．曲面拟合

　　单击"曲面"→"拟合曲面"命令，弹出"拟合曲面"对话框，在对话框中选择"常数"拟合方法，选用其默认参数值，单击"确定"，获取曲面。然后单击"曲面"→"合并曲面"→"自动的"命令，软件将自动把小曲面合并为若干大曲面，曲面片数由原来的 248 片减少到了 19 片，得到精简后的 NURBS 曲面模型，如图 11-26 所示。

图 11-25　分辨率网格结构

图 11-26　NURBS 曲面模型

11.3　基于正逆向结合的参数曲面建模

结合逆向工程和正向设计的参数曲面建模,是指从测量得到的数据中提取出二次曲面(平面、球面、圆柱面和圆锥面)、自由曲面、曲面之间的约束及其所包含的设计意图,然后在正向软件中进行编辑和实体造型以得到产品的 CAD 模型。这种建模方法融合了逆向建模处理测量数据的优势和正向设计特征造型及实体造型的优势,对产品模型的不同特征曲面实行功能分解并采取相应的建模方式,可以克服单一建模的缺陷,根据产品几何特征快速、准确地得到产品的 CAD 模型。本实例以涡轮叶片为设计对象,对参数曲面建模进行介绍。

1. 将 Geomagic Studio 切换到参数曲面编辑界面

模型在多边形阶段编辑完成后或导入多边形模型后,在菜单栏里选择"参数曲面",便可对多边形模型进行参数曲面编辑,其中多边形模型如图 11-27 所示。

2. 对模型进行参数曲面操作

选择"开始"→"参数曲面"命令,会发现模型管理器中的实例模型图标三棱锥形状发生了变化,表明模型当前为参数曲面对象。

3. 探测区域

选择"区域"→"探测区域"命令,弹出对话框,如图 11-28 所示。

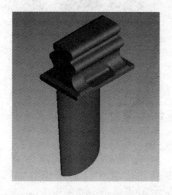

图 11-27　涡轮叶片多边形模型

图 11-28　"探测区域"对话框

不改动各选项的默认设置值,单击"计算"命令,生成分隔符,如图 11-29 所示。

生成分隔符后,选择"探测区域"→"编辑"命令,通过"合并区域"操作、"删除岛"和"删除小区域"等操作对参数化曲面对象进行分隔符编辑,编辑后分隔符如图 11-30 所示。

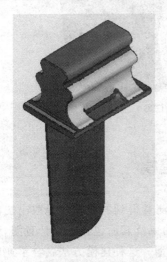

图 11-29 生成分隔符

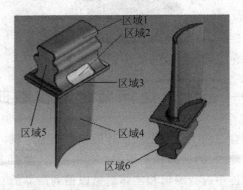

图 11-30 编辑后分隔符

提示:观察模型可以发现按正向建模的思路,此模型可通过区域 1 的拉伸获取定子 CAD 模型,并通过区域 2、区域 5 和区域 6 所拟合的曲面对 CAD 模型进行裁剪,区域 3 拉伸实体与裁剪后 CAD 模型布尔求和完成定子特征编辑,以及通过区域 4 放样获取叶片曲面模型。

然后单击"轮廓线"→"抽取"命令,生成轮廓线如图 11-31 所示。

选择"区域"→"编辑轮廓线"命令,选择"绘制"操作,调整轮廓线位置。编辑后轮廓线位置如图 11-32 所示。

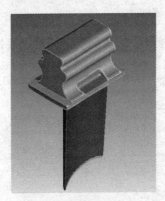

图 11-31 生成轮廓线

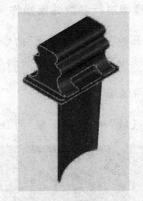

图 11-32 编辑后轮廓线

提示:轮廓线位置对后续操作中的拟合曲面和拟合连接都有影响,因此,轮廓线编辑时,应使轮廓线更加贴合边线,符合实际的轮廓。

单击"确定"按钮,完成轮廓线编辑。

轮廓线编辑后,轮廓线所划分各区域分类如图 11-33 所示。其中区域 1 为拉伸区域,区域 2 为自由形态,区域 3 为拉伸区域,区域 4 为圆柱体,区域 5 为放样区域,其他区域均为平面。

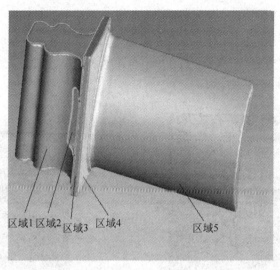

图 11-33　区域分类

4. 拟合曲面

使用 Ctrl＋A 选择所有主区域，然后选择"主曲面"→"拟合曲面"命令，单击"应用"命令。经"拟合曲面"后，生成各主曲面。部分主曲面通过红色和橘色表示，这表明存在拟合问题，可通过选择"分析"→"修复曲面"命令进行修复。"修复曲面"对话框如图 11-34 所示。

提示：每次主曲面出现的问题会有不同，设计人员可根据问题类型进行针对性的修复。对话框中列出了存在问题的主曲面，选择其中的问题，再单击"有什么问题"，系统会提示存在哪些问题和解决问题的方法。如图 11-34 所示，对话框中显示有两个问题：拉伸 8 存在"高边界偏差"和"高内部偏差"，对于上述问题可通过选择"主曲面"→"编辑草图"命令对拉伸曲面的草图进行编辑，从而修复曲面。

修复后的主曲面如图 11-35 所示。

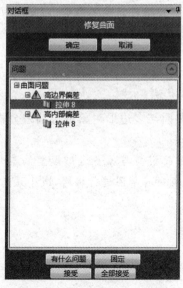

图 11-34　"修复曲面"对话框

图 11-35　修复后主曲面

5. 拟合连接

选择"连接"→"拟合连接"命令，使用 Ctrl＋A 选择全部主曲面，然后单击"应用"命令，生成各连接曲面，如图 11-36 所示。

图 11-36　连接曲面

提示：如图 11-36 所示，生成绿色的连接曲面表示生成的连接曲面均为尖角连接曲面。在输出时执行"参数交换"命令中要选择输出的曲面，为使曲面能够有效地生成实体，消除连接曲面自动生成倒角时对实体模型的影响，因此连接曲面可以尽可能地设为尖角连接曲面。由多边形模型可知，连接曲面应为倒角，此处暂不进行处理，待将模型输出至 SolidWorks 后再进行倒角处理。在拟合连接时，会受到拟合参数和轮廓线的位置影响，因此在拟合连接时可能出现拟合错误，拟合错误可以使用"修复曲面"命令进行修复。

单击"确定"按钮，退出"拟合连接"对话框。

6. 偏差分析

单击"分析"→"偏差"命令，选择全部曲面，将曲面与多边形对象进行偏差分析，得到偏差分析图，如图 11-37 所示。

提示：通过偏差分析图可直观看出拟合后的曲面模型与原多边形模型偏差大小，如偏差大小超过许可范围，应对较大偏差曲面重新拟合或对其草图进行编辑，减小误差。

单击"确定"按钮，退出"偏差分析"对话框。

7. 输出曲面

打开 SolidWorks 软件，单击"工具"→"插件"，选中"Geomagic Parametric Exchange"复选框，单击"确定"。

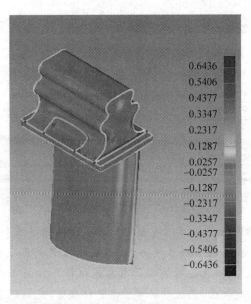

图 11-37　主曲面偏差分析图

在 Geomagic Studio 软件中，单击"输出"→"参数交换"命令，弹出对话框。

在"交换选项"中选择 SolidWorks 2013，然后开始选择曲面。选择曲面的顺序是参数交换时正向建模的顺序，在参数交换对话框"整个表格"中将显示选中的曲面名称及相关输出操作的信息，如图 11-38 所示。

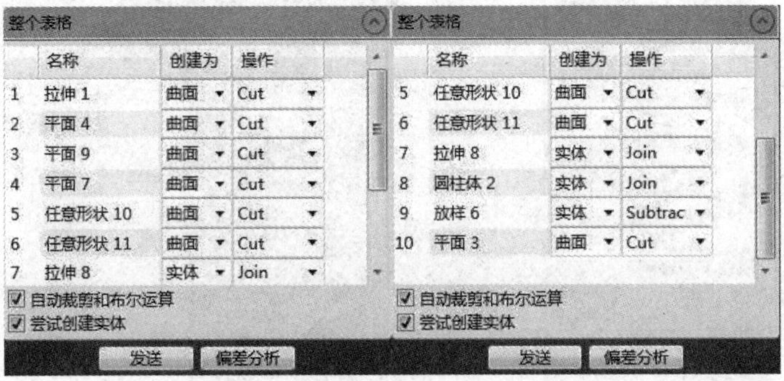

	名称	创建为	操作			名称	创建为	操作
1	拉伸 1	曲面	Cut		5	任意形状 10	曲面	Cut
2	平面 4	曲面	Cut		6	任意形状 11	曲面	Cut
3	平面 9	曲面	Cut		7	拉伸 8	实体	Join
4	平面 7	曲面	Cut		8	圆柱 2	实体	Join
5	任意形状 10	曲面	Cut		9	放样 6	实体	Subtrac
6	任意形状 11	曲面	Cut		10	平面 3	曲面	Cut
7	拉伸 8	实体	Join					

☑ 自动裁剪和布尔运算　　　　　　☑ 自动裁剪和布尔运算
☑ 尝试创建实体　　　　　　　　　☑ 尝试创建实体

发送　偏差分析　　　　　　　　发送　偏差分析

图 11-38　曲面信息

提示：在"整个表格"中，"创建为"操作可在 SolidWorks 中创建曲面、实体和草图三种形式的数据模型，"操作"可在 SolidWorks 中执行"Create"（创建）、"Subtract"（切除）、"Join"（连接）、"Cut"（裁剪）和"Trim"（修剪）五种形式的布尔运算。对各不同主曲面进行"Create"操作时应当以正向建模思路进行分析、设置，从而创建正向实体模型。

单击 1 拉伸主曲面"创建为"下拉三角，选择"实体"，单击"操作"下拉三角，选择"Create"。单击 5、6 任意形状曲面"创建为"下拉三角，选择"实体"，单击"操作"下拉三角，选择"Subtract"。单击 7 拉伸主曲面"创建为"下拉三角，选择"实体"，单击"操作"下拉三角，选择"Create"。单击 8 圆柱主曲面"创建为"下拉三角，选择"曲面"，单击"操作"下拉三角，选择"Cut"。单击 9 放样主曲面"创建为"下拉三角，选择"曲面"，单击"操作"下拉三角，选择"Create"，如图 11-39 所示。

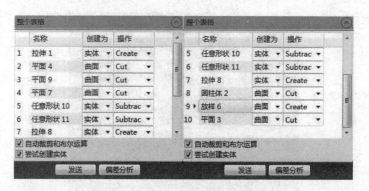

图 11-39　编辑后曲面信息

提示：主曲面选择顺序应按照正向建模的思路进行选择。例如由拉伸主曲面1所获取的拉伸实体，经"参数交换"后创建的拉伸实体，起始的位置是不准确，需要创建起始位置的平面面对拉伸实体进行裁剪，因此选择主曲面时应先选择拉伸主曲面1，并创建拉伸实体，而后选择平面4和平面9创建平面，同时对拉伸实体进行裁剪，完成实体参数化模型特征编辑。

单击"发送"，即可在 SolidWorks 中创建实体参数化模型，如图 11-40 所示。

图 11-40　参数化模型

"参数交换"后，在 SolidWorks 中所创建实体参数模型具有可编辑的特征树，如模型特征需要修改，可在特征树里对生成特征的草图进行编辑、修改，从而得到理想的 CAD 模型，修改后的涡轮叶片模型如图 11-41 所示。

在 Studio"参数交换"对话框中，单击"偏差分析"，将涡轮叶片模型与多边形模型进行偏

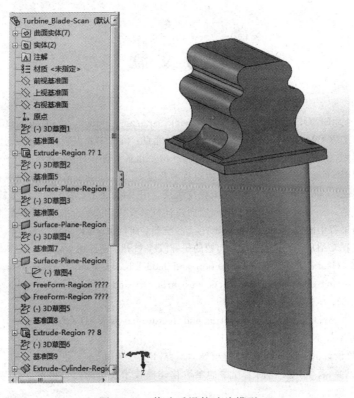

图 11-41 修改后涡轮叶片模型

差对比,如图 11-42 所示。

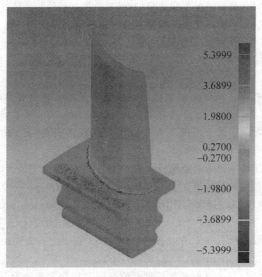

图 11-42 涡轮叶片模型偏差分析

提示:如图 11-42 所示,经参数交换后 SolidWorks 中所获取的实体参数化模型与原多边形模型偏差较小。如偏差过大,可在 SolidWorks 模型特征树中对相应特征的草图形状及线段尺寸等相关参数进行合理的改动,从而提高模型精度。

单击"确定"按钮,退出"参数交换"对话框。

参 考 文 献

[1] Geomagic Wrap[EB/OL]. http://www.geomagic.com/zh/products/wrap/overview.

[2] 柯映林.反求工程 CAD 建模理论方法和系统[M].北京:机械工业出版社,2005.

[3] 成思源,洪树彬,杨雪荣.逆向工程技术综合实践[M].北京:电子工业出版社,2010.

[4] 成思源,杨雪荣. Geomagic Qualify 三维检测技术及应用[M].北京:清华大学出版社,2012.

[5] 成思源,谢韶旺. Geomagic Studio 逆向工程技术及应用[M].北京:清华大学出版社,2010.

[6] 成思源,杨雪荣. Geomagic Design Direct 逆向设计技术及应用[M].北京:清华大学出版社,2015.

[7] 隋亦熙.逆向工程中曲线曲面特征提取研究[D].杭州:浙江大学,2008.

[8] 徐进.反求工程 CAD 混合建模中若干问题的研究[D].杭州:浙江大学,2009.

[9] HUANG J B. Geometric feature extraction and model reconstruction from unorganized points for reverse engineering of mechanical objects with arbitrary topology[D]. Columbus: The Ohio State University,2001.

[10] SHAH J J, MANTYLA M. Parametric and feature-based CAD/CAM: concept, techniques, and applications[M]. New York: Wiley,1995.

[11] 黎波.面向再设计的逆向工程 CAD 建模技术研究[D].广州,广东工业大学,2011.

[12] 刘军华,成思源,蒋伍,等.逆向工程中的参数化建模技术及应用[J].机械设计与制造,2011(10):82-84.

[13] 蔡敏,成思源,杨雪荣,等.基于逆向工程的混合建模技术研究[J].制造业自动化,2014,36(5):120-122.

[14] 余国鑫,成思源,张湘伟.典型逆向工程 CAD 建模系统的比较[J].机械设计,2006,23(12):1-3,10.

[15] 成思源,余国鑫,张湘伟.逆向系统曲面模型重建方法研究[J].计算机集成制造系统,2008,14(10):1934-1938.

[16] 蔡敏,成思源,杨雪荣,等.基于 Geomagic Studio 的特征建模技术研究[J].机床与液压,2014,42(21):142-145.

[17] 刘鹏鑫.基于光学扫描和 CMM 测量数据的模型重建关键技术研究[D].哈尔滨:哈尔滨工业大学,2010.

[18] 蔡敏,成思源,杨雪荣,等.基于逆向工程的混合建模技术研究[J].制造业自动化,2014,36(5):120-122.

[19] 蔡敏.逆向工程中基于特征提取的建模技术研究[D].广州:广东工业大学,2015.

[20] 肖华.网格重构及特征提取技术研究[D].杭州:浙江大学,2010.

[21] BENIERE R, SUBSOL G, GESQUIERE G, etc. A comprehensive process of reverse engineering from 3D meshes to CAD models[J]. Computer-Aided Design,2013(45):1382-1393.

[22] WANG J, GU D, GAO Z, etc. Feature-based solid model reconstruction[J]. Computing and Information Science in Engineering,2013,13(1):1-11.

[23] 杨雪荣,成思源,郭钟宁.基于自主式项目驱动的逆向工程技术教学改革与实践[J].实验技术与管理,2016,33(1):179-182.